大樂文化

大樂文化

大樂文化

交辦的態度

為什麼好的指令可讓「團隊奮起」，而一句批評卻讓部屬們「沉默不語」？

【復刻版】

吉田幸弘◎著 林佑純◎譯

部下がきちんと動く リーダーの伝え方

目次

Contents

第2堂課

說明力：精確掌握他「聽懂了沒」 059

第3堂課

第4堂課

第5堂課

第6堂課

第7堂課

第8堂課 利用「報連商」，第一時間解決問題

後記

推薦序

用詞精準，提升溝通效能

資深廣播人、「GAS口語魅力培訓」創辦人　王介安

這本書實在太有意思了，和我在「GAS口語魅力培訓」裡的研究正好有關。我曾於《傳播管理學刊》發表一篇學術論文〈台灣職場工作者口語傳播能力之研究〉，文中特別談到口語表達的科學精準度，這是對語言文字的應用能力，看似是表達能力，其實更是一種換位思考的能力。

我更在GAS口語魅力培訓中談到：「溝通技巧需要有意識地進行訓練、培養，以及體會。」

有意識地說話是一種規劃能力。「全部想好，一次說完」，是職場上很重要

的修練。東講一些、西講一些，會讓人抓不到重點。比如交辦工作時，先講了第一項，之後想到再講第二項，隔了半天才講第三項，分三次說明，不僅讓人無法一次了解全貌，也會讓人在忙碌的工作中感到煩躁：「為什麼不一次講完呢？」這樣的溝通方式在職場上不斷上演。

此外，有意識地說話也是一種控制能力。哪些內容可以選擇不說呢？「和你要傳達的重點無關的內容」，請控制住不要說！如果忍不住說了岔題的內容，反而會混淆要傳遞的目標。

以上的問題都可以在本書找到犀利的突破方法。在很多溝通的情境裡，我們常會覺得：「拜託！你說話講重點好嗎？」但對方會說：「沒辦法！我真的不能控制。」送他這本書吧！如果你是主管，更要看這本書，一定會使你如虎添翼。

如果你願意，請先仔細翻看一下目錄，就可以領略此書內容強勁，比如「下指令的9種訣竅」、「讚美的4個方法」等等，讓人迫不及待地想進入各個章節，找出更有效能的溝通方法，突破人際溝通的困境。

我非常喜歡有職場實戰經驗的作者所撰寫的溝通類書籍，本書作者吉田幸弘曾歷經職場溝通災難，因此更具說服力。他大學畢業後進入職場，因為業績卓著，被拔擢為主管，之後卻因為不受部屬喜愛，造成團隊瓦解。後來，他透過學習與體會，重新振作並開始教課，幫助更多人成功。

這本書從管理職的工作面向切入，舉出很多實際的情境與對話，如果各位可以舉一反三，其實也能應用在生活中的許多地方。只要我們用詞精準，一定能提升溝通效能。

前言 學會正確的交辦態度，從部屬紛紛離職變身ＭＶＰ主管

我經常透過研習課程與座談會等場合，接觸到各大企業的管理職，或是即將升上管理職的人。聽他們提到工作上的煩惱，大多是和部屬之間的代溝。舉幾個例子：

「不管用什麼方法，他就是聽不懂我要什麼。」

「我們的談話內容毫無交集。」

「他做的事跟我給他的指示完全不一樣。」

交辦的態度

「我明明交代這件事要盡快執行，他卻遲遲沒有處理。」

「我明明已經講得很清楚，他卻老是跑來問同樣的問題。」

其實，我也曾經有過這些煩惱。

我二十八歲時，首次以業務經理的身分，負責管理五位部屬。當時，部門的業務量很大，我一心只想達成業績目標，而對部屬下達相應的指示。但我相當獨斷專行，又經常想到什麼就說什麼，部屬往往很難理解我的意思，因此雙方時常無法建立良好的共識。

那時候的我，將這樣的溝通障礙全都歸咎在部屬身上。

為什麼會有這種想法呢？因為那時我有一位業績亮眼的上司，他非常嚴厲，而且習慣憑感覺行事，提出的工作指示常讓部屬感到困惑。

「我以為還在說A公司的話題，怎麼已經講到B公司？」

「剛才不是還在討論C商品嗎？怎麼一下子就跳到D商品？」

這種狀況每天層出不窮。我的上司思慮敏銳，說話速度也非常快，總是接二連三地對部屬下達各種指示。理解較慢、容易受到大小事影響的我，工作進度總是落後一大截。於是他認為，我能力有問題，才無法理解他說的話。

他覺得，錯不在傳達指令的人，而是接收指令的人能力太差。要解決這個問題，唯有提升部屬的能力。

在耳濡目染下，我開始以同樣的標準要求部屬。舉個例子，以下是某天我對部屬下達的工作指示：

早安，我想請你幫個忙。你可以在明天之前，做好要給A公司的報價單嗎？還有要帶去B公司的傳單。只是把九月的行程改成十月，應該馬上就能弄好吧？另外，我還得參加董事會，你先把各校的銷售報表做出來。盡快完成喔！

雖然我說要盡快完成，但聽在部屬耳裡，期限其實很模糊。只要那天下班之前，對方沒有把這些工作做完，我就會抱怨：「我不是說要盡快完成嗎？」

對於無法理解我意思的部屬，我只會對他們說：「自己動動腦吧！」我單方面認為，部屬之所以不能理解我說的話，是因為他們能力不足。在這種情況下，部屬的工作效率自然會出現問題。

眼看雙方的代溝逐漸擴大，我在面對部屬時，顯得更加焦躁易怒。當同一件事被問了很多次時，我甚至破口大罵：「同一件事要我講幾遍？」由於我實在太容易生氣，部屬都不敢主動接近我。

在部門會議裡，我急切地將達成業績目標視為第一要務，提出許多相關方案。然而，現場的部屬全都保持沉默，沒有人願意發表意見。我對這樣的氣氛感到不悅，進一步逼問：「為什麼達不到目標？你們有認真思考過嗎？」就這樣，兩個小時的會議幾乎都是我一個人在演講。

在這種狀況下，我們部門的業績掉到全公司倒數第一，甚至有幾位部屬先後離職。正當我焦急地心想，下個月一定要努力挽回頹勢時，部長突然單獨找我談話。

部長：「吉田，我看你還是回頭從業務開始做起。」

吉田：「可是，我和部屬都很努力，請再給我們一點時間。」

部長：「我知道你們很努力。其實，之前你們部門有人來找我面談。」

吉田：「……」

部長：「他們表示，很難跟上你的步調。」

吉田：「我自認在工作上，已經給他們充分的指導。」

部長：「你的指導可能太單方面，有點搞錯方向了。」

我就這樣被降職，薪水也大幅減少。不僅如此，重新成為業務員的我，遲遲拿不出令人滿意的成績，後來再度遭到降職，甚至被調派到其他部門。不過，這件事對我來說是很重要的轉機。

在我被分配到的新部門，上司是個非常擅長溝通的人。直到這時，我才察覺自己和部屬的溝通方式，原來存在很大的問題。於是，我以那位上司為榜樣，進一步研讀相關書籍、參加座談會，研究溝通的訣竅。在不斷學習的過程中，我的傳達力開始有些進步。

以前我跑業務時，經常無法掌握談話重點，單方面說個沒完，耗費很多時間，導致對方呵欠連連，甚至對此提出客訴。這些狀況都在我的傳達力提升之後，有了很大的轉變。除了與他人之間的溝通變得更順暢，我也透過既有客戶的介紹，增加不少新客戶。當我意識到這樣的改變時，我已經連續五個月蟬聯業績冠軍，因此再度升任課長。

在任職課長的這段期間，我順利帶領部門榮獲業績ＭＶＰ。最令人感到欣慰的是，我和部屬不再雞同鴨講，工作也能有效地推動，讓我覺得輕鬆不少。

之後，我們部門持續交出亮眼的成績，於是我成了公司其他課長的諮詢對象。起初，我只是在工作空檔，和同事閒聊這方面的心得，然而人事部長得知這件事後，希望我兼任培訓員，負責指導業務員與管理職的工作。

我發現，只要採取正確且簡單易懂的傳達方式，讓部屬充分了解工作需求，就能改善領導者與部屬之間的關係，大幅減輕雙方的工作壓力，還有助於提升業績，好處不勝枚舉。為了推廣我學到的傳達技巧，我現在也舉辦一些研習課程和座談會。

本書歸納出可立即實踐的傳達訣竅，並說明部屬與上司應如何在工作上運用「報連商」（編註：即報告、連絡、商量的合稱），讓溝通更有效率。

期盼本書能幫助各位讀者提升傳達力，解決職場溝通障礙，輕鬆愉快地工作，進而打造優秀的高效團隊。

management

第1堂課

下指令：用一句話讓團隊奮起

交辦像投球，關鍵是如何讓部屬確實接到

你是否曾在向部屬交辦工作後，發現對方的解讀與你表達的完全不同？這是因為想告訴對方的事，只是單方面發送出去，並沒有被接收。換句話說，傳達必須建立在良好的雙向溝通上。

就好比投接球，你把球丟出去，對方伸手去接，才完成整套動作。如果投球的人在沒有告知的情況下，就擅自丟球，對方當然不可能接到。

領導者因為實務經驗與知識比部屬豐富，容易單方面表達自己的想法，而忽略部屬的立場。

我過去曾任職某家旅行社，在剛進公司的菜鳥時期，被課長問到：「航班搞

定沒？飯店可以提早嗎？」老實說，我當時完全聽不懂這句話是什麼意思。

但是，我不敢繼續追問，只好不懂裝懂，再偷偷跟好相處的前輩探問，才知道原來課長想問：「機票訂好了沒」、「飯店可以提前check in嗎？」

許多時候，領導者會用自己習慣的說法，跟別人溝通。但畢竟上司與部屬的工作能力和經歷有很大的不同，會造成認知上的落差，甚至衍生各種誤會。

最重要的不是想傳達什麼訊息給對方，而是怎麼傳達，以及對方如何解讀。因此，必須留意對方的反應，盡量選擇簡單易懂的詞句，才能達成良好的雙向溝通。

如果擔心部屬沒有完全理解，不妨主動向對方確認，或是換個說法再解釋一次。

訣竅 1

站在對方的立場，避免3種NG交辦方式

領導者往往會忘記自己以前接受指示時的立場。上司覺得淺顯易懂的事，從部屬的角度來看，時常是另一回事。此時，領導者可能會心想：「為什麼他聽不懂我在講什麼」，但這種想法經常成為傳達訊息時的阻礙。

重點在於，**從部屬的觀點思考，站在他的立場試想，為什麼他無法理解這個訊息**。此外，可以回想自己過去的經驗，某些上司的交辦方式也許曾讓你很難理解，若這些狀況發生在你現在的部屬身上，他們很可能會有相同的感受。試著將這些交辦方式條列出來。

①給太多指示，反而讓人不知從何做起。

②給人的壓迫感太重，讓人很難開口提問（部屬對一件事多問幾次，上司就生氣，導致部屬遲遲不敢確認工作細節，最後成果完全偏離應有的方向，反而讓上司更生氣）。

③工作內容太抽象，包含兩種以上的解釋。

對於上述三種ＮＧ交辦方式，可以用以下的方式修正。

①只解釋重點，讓對方明確了解從哪裡開始行動。

②留意部屬的表情，樂於為對方解答。

③避免使用容易讓人誤會的說法，要用具體的詞語表達。

訣竅 2

一個任務沒完成前，不要任意追加新工作

升上管理職之後，你可能會因為忙於自己的工作而忽略了部屬。由於忙碌，經常隨口說出心裡想的事，讓部屬聽不懂想表達的重點。

說來慚愧，過去的我就是最好的例子，經常想到什麼就跟部屬說，而且指示的內容還會不停地變來變去。

因此，我當時在公司裡有個綽號叫「追加課長」，戲稱我交辦工作就像參加自選行程一樣，接二連三地不斷追加下去。例如，要寄出新商品DM時，我做出以下的指示。

①七月六日下午一點
吉田：「你去把橫濱市所有速食店的資訊都列出來。」
部屬：「我知道了。」

②七月六日下午三點
吉田：「啊，我都忘了，川崎市的資料記得也一起提供。」
部屬：「好。」

③七月八日上午十點（部屬將完成的速食店列表拿給我看。）
吉田：「這樣有點太少了。啊，你把家庭式餐廳跟居酒屋也列進去吧。」
部屬：「好，我知道了。」

④七月九日下午兩點（部屬將完成的餐飲業列表拿給我看。）

吉田：「這樣又太多了，預算上會有問題。你把橫濱市〇〇區、〇〇區跟〇〇區的店家先拿掉吧。」

部屬：「好……。」

⑤七月十日上午九點（部屬再次拿完成的列表給我看。）

吉田：「嗯，這樣可能又太少了。」

這種做法不僅浪費時間，也會讓部屬感到心力交瘁。若是換成以下方式，效率應該就能提升。

「你先調查橫濱市和川崎市總共有幾家速食店、家庭式餐廳和居酒屋。」

「查好後跟我說，我再決定要寄DM給哪些店家。」

「然後，你列出那些店鋪的相關資訊就好。」

這麼做可以避免想到什麼就說什麼，同時提升雙方的工作效率。這就是在傳達訊息之前，有沒有先思考的差別。

工作效率不佳的人，大多不願花時間做事前準備，但是省略這個動作，之後反而要花更多時間修正。具體而言，只要依照以下步驟做準備即可。

①列出所有要交辦的事項。

②依據對方容易理解的順序排列指示。

③設想可能會發生的意外，大致擬定備案。

④先決定要確認哪些部分。

此外，盡量一次將工作交辦完比較好。

訣竅 3

詳細條列待辦事項，連細節也不遺漏

有些領導者交辦工作時，經常漏東忘西，讓事情變得更複雜。舉例來說，招待客戶參加產品發表會，當天才突然想起：「我忘記準備茶水」，急忙讓部屬去處理，或者發起脾氣：「怎麼連白板筆都沒有。」

這類上司若是要求部屬製作資料，經常在看到成品時才說：「這個表格也要加進去」、「不要用這個符號比較好」，於是部屬必須花很多時間修改，甚至加班才能處理完。

這樣會讓部屬無所適從，甚至影響工作意願。為了避免這種狀況發生，領導者應事先條列所有待辦事項。比方說，兩個月後即將舉辦產品發表會，事前可以先詳細列出以下待辦事項。**只要想得到，再瑣碎的細節都可以寫出來。**

- 佈置會場。
- 準備投影機、白板、白板筆等用品。
- 準備茶水。
- 製作發表會要發送的書面資料。
- 影印資料。
- 請產品課的〇〇先生擔任當天的主持人。
- 列出要邀請的客戶名單。
- 製作當天的流程表。
- 請其他員工擔任當天的招待人員。

像這樣寫出詳細的待辦事項，就能有效地避免遺漏。

訣竅 4

用「上堆法」歸納待辦事項，一出口就是重點

列出待辦事項雖然一目瞭然，但如果要全部交給部屬處理，不僅表達上很花時間，對方可能也很難一次理解這麼多項目。

將條列出的待辦事項印出來交給部屬，是不錯的方式，但**一次列出十個以上的項目，會讓部屬無法判斷進行的順序，因此陷入恐慌**。有工作經驗的人可能還好，但新人可能會感到困惑。

「三浦，我有些事要交給你處理。下下個月，不是要舉辦產品說明會嗎？你幫我先物色一下新宿的場地，大概可以容納七十人就夠了。啊，如果有附投影

機的更好。然後你跟山井課長說，當天希望請產品課的○○先生擔任主持人。還得列出要邀請的客戶名單才行。」

像這樣直接陳述列出的待辦事項，部屬一時之間很難理解。不過，要把十個以上的待辦項目縮減成三個，確實不是件容易的事。雖然也可以先交代：「你先處理這三項，其他我下星期再跟你解釋」，但這種做法會讓部屬無法掌握工作的全貌。

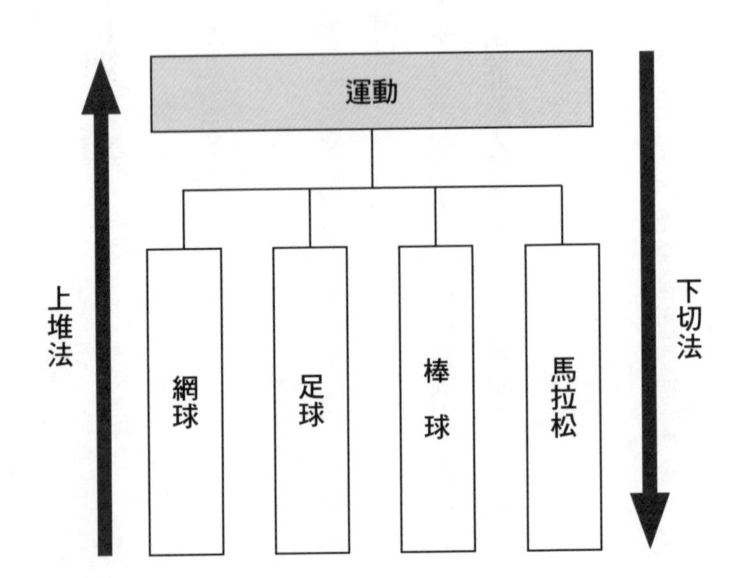

因此，在交辦工作之前，必須用「上堆法」（chunk-up）依序整理已條列的待辦事項。接下來，我先簡單介紹何謂上堆法。

「chunk」意指塊狀物，**「chunk-up」就是將事物歸類、組合**，而「下切法」（chunk-down）的概念則與上堆法相反，就是將事物拆解細分。

比方說，對於運動這個詞彙，若用下切法說明，則有網球、足球、棒球、馬拉松等項目。相反地，若用上堆法來解釋，則網球、足球、棒球、馬拉松等都算是其一種。

人們遇到問題時，很容易陷入見樹不見林的狀態，看到一棵棵樹木在眼前，卻無法掌握森林的全貌。繁瑣的待辦事項就像森林一樣，人們面對眼前這麼多細項，不知道該從何處著手。這時，就是上堆法派上用場的時候了。

若用上堆法分析前述案例，大致可區分成三大類（請見下頁表格）。統整成這三大項目後，便可以交辦給部屬處理。

如此一來，不僅能避免遺漏，對方也比較容易掌握工作的整體流程。

大分類	小分類
公司外部的待辦事項	·佈置會場。 ·準備投影機、白板、白板筆等用品。 ·準備茶水。
公司內部的待辦事項	·製作發表會要發送的書面資料。 ·影印資料。 ·請產品課的〇〇先生擔任當天的主持人。
部門內的待辦事項	·列出要邀請的客戶名單。 ·製作當天的流程表。 ·請其他員工擔任當天的招待人員。

訣竅 5

透過「減法思考」，指示不超過3項

我目前擔任研習課程和座談會的講師。在還不是很熟悉這份工作的時期，我常為編寫教材所苦，總是擔心會遺漏什麼，想把重要的內容全都寫進去。在課堂上，我有時會因為想說的東西太多，導致無法在時間內結束。

某天，我在學員填寫的問卷上看到有人反應：「聽不懂老師到底想講什麼。」於是我心念一轉，決定只教大家最重要的事，並大幅縮減教學內容。改變做法之後，我驚訝地發現，學員們的評價反而變好了。原本以為縮減教學內容，會被認為教學不夠用心，沒想到卻獲得完全相反的評價。

之後，我曾當面詢問某位資深學員對課程的感想。他的回答聽在我耳裡，更是有如當頭棒喝。

我之前覺得，吉田先生的課程雖然很充實，但是要學的東西太多、太複雜。不過，現在感覺好多了。老實說，短短兩個小時，能夠理解的東西實在有限。

確實如此。以前我曾經負責製作公司的廣告傳單，我總是在有限的紙面上，盡可能塞進大量的商品資訊，深怕漏掉什麼，但這麼一來，模糊了真正想傳達的重點。想當然，這張傳單完全沒有發揮集客效果。

後來，我找專業廣告設計師商量，將傳單改以簡單明瞭的方式呈現，才招攬到不少新客戶。

要交辦工作給部屬時也是一樣。領導者的話越多，部屬反而越容易混淆。因此，**交辦工作時，要傳達的事項固然重要，更要找出不需傳達的事項。**

越會交辦工作的領導者話越少，不會交辦工作的領導者話越多。在傳達工作事項時，請減少多餘的資訊，只選擇能讓部屬理解並接受的必要資訊即可。

指導部屬或是給予工作指示時，絕對不能貪心，要將具體行動控制在三項以下。如果想傳達的事多於三項，請在下一個階段再告訴對方。畢竟人一次能記住的事有限，一旦接收大量資訊，往往很難掌握其中的重點。此外，如果交代的工作項目太多，部屬可能會急著完成每個項目，而喪失自我判斷的能力。

你是否也有因為被交代太多工作，而感到不知所措的經驗呢？想成為稱職的領導者，交辦工作時要盡量減少傳達的事項。部屬無法妥善處理工作，時常是因為上司太貪心，一次交代太多事。

交辦工作時，請注意以下兩個重點。

①省略不必要的資訊。

②盡量精簡交代工作內容。

部屬容易誤會的傳達方式

「昨天的會議上，社長大部分時間都在說教。他提到，石井你開發的客戶數量有點太少，外訪次數也不夠多。你有把握達成目標嗎？你跟客戶之間的關係如何？公司最近業績欠佳，你也要積極開發新客戶啊！」

可以聽出上司希望部屬努力提升業績，但這種說話方式會模糊焦點。

部屬容易理解的傳達方式

「石井啊，最近你那邊的新客戶是不是有點太少了？試著每天拜訪一位新客戶如何？下星期一開會時，再跟我報告狀況。」

簡單一句話馬上就讓部屬明白具體做法，以及上司期望的工作方向。

訣竅 6

第一句話提示要點，剔除不必要的資訊

領導者因為工作知識與經驗通常比部屬豐富，能夠用宏觀的角度評估工作內容。如果以昆蟲的複眼比喻部屬看待工作的角度，上司的視野就如同鷹眼的俯瞰，能夠察覺較多的細節。因此，上司交辦工作時，有時會提供太多資訊，使部屬不知道該從何著手。

負責某企劃的組長A先生，做事認真仔細、性格穩重，在交代工作給部屬時，為了避免遺漏，很用心地製作操作手冊，提供部屬參考，獲得兼職人員一致好評。

然而，他的直屬部屬表示，他的工作指示不夠明確：「講話太過冗長」、

「聽不懂他想表達什麼。」A先生與部屬之間因此產生摩擦，小組的工作效率也日漸惡化。

有些領導者可能一心想著：「為了不讓對方誤會，交代工作時要講得仔細一點」，所以解釋得特別多。但如此執著於細節，不僅花費很多時間，部屬也很難掌握重點。

有以下這兩種想法的人，說話時特別容易有這種傾向。

1. 擔心對方無法理解自己說的話

第一次交代某個領域的工作，或是部屬過去有失敗經驗時，上司通常會比較小心謹慎，也會特別交代工作的各項細節。細心是好事，但若是交代得太過仔細，反而容易讓人忽略重點，結果不但浪費彼此寶貴的時間，部屬也無法完整理解上司的意思。

舉例來說，在公司五十週年紀念派對之類的公開場合，聽大人物致詞十分鐘後，很多人只會覺得：「這個人話好多」，之後完全不記得對方講過什麼。各位是不是也有類似的經驗呢？

為了避免這種情況發生，**在開頭先用一句話簡單歸納接下來要講的重點，是一種很好的表達方式。**

會仔細交代工作的領導者，很可能是特別為部屬著想的人。既然如此，不妨善用這份體貼，換個想法，告訴自己：「講太多細節會佔用對方的時間，還是盡量避免比較好。」

2. 害怕被部屬拒絕

無法用一句話表達想法的領導者，很可能是因為不希望被部屬拒絕，害怕對方回答：「我沒辦法照做」、「這樣不太好」、「我辦不到」，所以遲遲不說出重要的結論，他們會在談話的過程中，不斷觀察對方的神色，隨時改變話題走向。

即使部屬對上司的意見持反對態度，只要即早確認彼此意見上的分歧，並思考替代方案，就能找出新的做法。

面對上司的意見，部屬就算心中有不同的想法，也會認真聽到最後。但你身為上司，如果遲遲不表明重點，淨說一些無關緊要的事，那真的是在浪費彼此的時間。

剔除不必要的資訊，才是真正體恤部屬的表現。

訣竅 7

少用形容詞，才不會造成誤解

想交代工作事項，部屬卻有聽沒有懂。造成這種狀況的關鍵，很可能是因為領導者說話時的用詞不易理解。不易理解的用詞，主要有以下兩種類型。

1. 形容詞太過模糊

有位課長向部屬表示：「下星期要舉辦產品說明會，你可以幫忙預訂大一點的會議室嗎？」部屬聽了之後，就找了約可容納百人的會議室，是他們公司常租用的「ABC會議室」中最大的一間。不過，接下來就發生問題了。

課長：「你應該記得預訂產品說明會要用的會議室吧？」
部屬：「我已經訂好了。」
課長：「是哪間會議室呢？」
部屬：「ABC會議室的E廳。」（請課長看電腦上的示意圖。）
課長：「咦，這間不會太大嗎？我們經費有限，而且要是人太少，現場也不太好看。」
部屬：「課長之前說要大一點的會議室，我才會訂這間。」（顯露些許不滿。）
課長：「我是這樣說過沒錯啦。」

為什麼會出現這樣的情況呢？這是因為上司使用不易理解的形容詞。「大一點」這個說法太過抽象，缺乏具體說明，容易讓部屬做出錯誤判斷，這就是傳達指示的人的問題了。因此，**在使用「大一點」、「快一點」這類形容詞時，必須一併以數據明確說明。**

2. 目標不夠具體

另一位課長在開會時檢討當季的營收，並預測下一季的營收數字。他身為課長，卻沒有提出具體做法，只是向在場的部屬表示：「從這個月開始，要把開發客戶當作重點目標！」

一個星期後，部屬向他回報當週的工作狀況。幾乎沒有人取得新客戶。課長因此進一步逼問：「我上週不是說，要把開發客戶當作重點目標嗎？你們這是什麼意思？」

面對課長的質問，一位部屬回答：「因為課長這麼說，我們就去拜訪現有客戶，爭取簽約的機會。上個星期，我們的平均外訪次數增加了一．五倍。」

課長感到十分懊惱。其實他希望部屬去開發新客戶並與他們簽約，而不是拜訪現有客戶。課長與部屬之間，對一句話的解讀完全不同。

為什麼會產生上述誤會呢？因為這兩位上司都以模糊的用詞來表達重點。這些說法，很容易讓部屬不清楚具體該做些什麼。

另一種經常聽到，但也不夠具體的指示，就是「仔細一點」。如果只是向部屬交代：「這份資料要做得仔細點」，對方很可能會花費比預期更多的時間。

請盡量避免以不夠具體的用詞來交代工作。

訣竅 8

用數據呈現現況，用數據設定目標

前面提過，擅長交辦工作的領導者，通常會使用數據進行說明。另一方面，不擅長交辦工作的領導者，則經常使用模糊不清的用詞。以下將舉出一些實例，進一步詳細解說。

兩位領導者A和B，都被上級要求縮減部門的業務成本。

於是，A上司開始不斷要求：「減少不必要的印刷錯誤」、「盡量節省開銷」、「選購便宜的辦公室用品」等等。部屬雖然嘴上回答：「知道了」，但是半年後，A上司調查部門內的業務成本，卻完全沒有任何改變。影印紙的使用量確實減少了，但對於成本的影響微乎其微。

另一方面，B上司接獲指示後，先在部門內尋找能夠縮減成本的項目，結果發現印刷費用偏高，於是他訂立目標，希望將部門內的印刷成本減少一〇%。因此，他向部屬提出以下具體事項。

- 明確申報需要印刷的資料數量。
- 之前要用A3紙印四頁的資料，減少到用A4紙印兩頁（減少兩頁資料，不僅節省影印紙，也可以協助過濾不必要的資訊，讓內容變得更精簡）。
- 為了減少資料量，一個月內要提出三項修正案。
- 所有成員要在一個星期內，一人提供一家價格合理的印刷業者。

結果，原本對縮減成本政策置身事外的部屬，也積極展開行動。由於已經訂立一〇%的明確目標，部屬更能將它視為部門的共同課題，樂於提供建議，例如：「我想到了好點子」、「我找到一家還不錯的印刷業者」，與A上司的部門完全相反，討論得非常熱烈。

半年後，這兩位領導者的部門成績產生了很大的差距。為什麼會導致這樣的結果呢？

因為A上司的指示過於模糊，很難讓部屬產生具體行動，而B上司的指示，則使部屬明確了解要做些什麼。B上司運用數據，讓交辦的工作項目變得更加精準。

運用數據傳達工作指示，能讓部屬在行動時有所依據，同時也方便和部門成員共享。假如實際推行之後，發現任務太過困難，只要變更目標數據即可。若只是機械式地拋出縮減成本、節省經費等指令，部屬往往不知該如何著手。沒有具體指示，不僅使部屬無法行動，之後也很難確認實際進展。

有些詞句較不明確且欠缺標準，例如：「減少不必要的浪費」、「積極開發客戶」、「意識改革」、「加強能力」等等。用這些詞句傳達，會讓部屬不知道該怎麼做才好。部屬就算知道，也很可能跟上司的認知有所差異。

為了避免這種狀況發生，最好的方法就是在指示中使用數據。其實大部分的詞句，都可以在說明時加入數據。「減少不必要的浪費」、「積極開發客戶」、「意識改革」、「加強能力」等詞句，乍看與數據毫無關聯，其實並非如此。

只要用數據呈現當前的狀況，便能以數據設定目標。如此一來，目標將變得更具體，雙方的認知差距就會減少。從現在起，請試著把模糊不清的形容詞，轉變成運用數據的明確指示吧。

- **模糊的指示：提升營收**

  現在數據：去年同期營收總計2000萬日圓

  目標數據：營收2300萬日圓

  →明確的指示：比去年同期營收提升15%

- **模糊的指示：以現有客戶為主要業務對象**

  現在數據：顧客回購率30%

  目標數據：顧客回購率40%

  →明確的指示：將顧客回購率提升10%

- **模糊的指示：減少業務疏失**

  現在數據：1個月發生6起業務疏失

  目標數據：1個月3起業務疏失

  →明確的指示：減少50%的業務疏失

- **模糊的指示：積極參與部門企劃**

  現在數據：上個月收到2份企劃書

  目標數據：部門內的5個人都要繳交企劃書

  →明確的指示：部門內每人提出1份企劃書

- **模糊的指示：推廣產品知名度**

  現在數據：收到10封顧客詢問信

  目標數據：收到20封顧客詢問信

  →明確的指示：讓顧客詢問信比上個月增加2倍

訣竅 9

一開始先明示，總共要交代幾件事

某天，A先生請部屬幫忙，準備下週前往大阪出差的相關事宜。

「我下星期要去大阪出差，可以麻煩你幫忙安排一下嗎？搭星期四的新幹線，要在十一點前抵達新大阪車站。回程的話，因為心齋橋的活動到星期五晚上六點才會結束，訂八點以後的位子就可以了。住宿找心齋橋或難波附近的飯店，住一晚含早餐，預算大概在八千日圓以內，這樣不知道能不能找到不錯的飯店？能住得離車站近一點是最好。啊，對了，星期四晚上還要跟大阪分公司的員工聚餐，你去請大阪分公司的C先生預約一下當天要去的店家，在心齋橋附近的店都可以。至於參加人數和開始時間，問C先生就知道了。嗯，就先這樣，交給你了。」

交辦工作時，像這樣斷斷續續地說：「因為還有什麼事，所以要怎麼做」，部屬聽了，可能滿腦子只想著：「還有啊」、「他到底要說到什麼時候」，心中滿是埋怨，結果反而沒記清楚重要的工作事項。

所以，最好一開始就表明：「我要交代三件工作」，對方會比較容易集中精神聆聽。

領導者如果明確表示，自己有三件事要交代，聽的那一方會在心中準備三個空位。當上司講完兩件事之後，部屬會知道，還有一件事沒提到。在毫無心理準備的狀態下被交辦工作，對部屬會造成一定的心理壓力。

以前述的例子來說，可改以這樣的方式來交代行前的準備事項。

交辦的態度

「我下星期要去大阪出差，麻煩你幫我安排好三件事。第一是訂好新幹線的來回車票，第二是安排住宿，第三是跟大阪分公司的C先生連絡。接下來，我會交代每件工作的注意事項。」

哪種說法比較清楚易懂，不言而喻。

本章重點

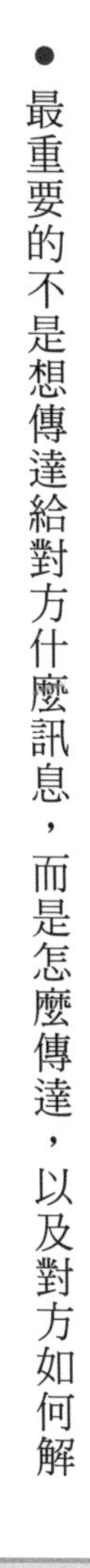

- 最重要的不是想傳達給對方什麼訊息，而是怎麼傳達，以及對方如何解讀。
- 交辦工作時，要傳達的事項固然重要，更要找出不需傳達的事項。
- 指導部屬或給予工作指示時，絕對不能太過貪心，請將具體行動控制在三項以下。
- 盡量避免以不夠具體的用詞來交代工作。

編輯部整理

management

第2堂課

說明力：精確掌握他「聽懂了沒」

原則 1

遵循5W2H法則，連小學生也能懂

領導者在交辦工作時常犯的另一種錯誤，就是太相信對方的工作能力，單方面認為他已經知道，因此省略應該交代的重點。但即使能力再優秀，只聽口頭說明，沒有圖像和文字的輔助，也很難記清楚每一件事。

某位課長為了製作幹部會議上要使用的資料，委託部屬伊藤列出這個月和下個月的預估訂單數量。於是，伊藤列出較有把握取得的A、B級訂單，並E-mail給課長。但課長一收到信，立刻把伊藤叫過去訓話。

課長：「伊藤，你列出的預估訂單怎麼只有五件？我看你根本沒有開發新客戶的意思嘛！」

伊藤：「我當然想取得新客戶！我平常也很認真在跑業務。」（怎麼突然找碴啊？）

課長：「那你為什麼只寫五件？」（更是火上加油。）

伊藤：「確實只有五件，因為沒有加上C級的訂單。」

課長：「C跟D級也要算進去啊！」

伊藤：「可是你平常都說，只有A跟B級比較重要。」

課長：「你總要懂得隨機應變吧！」

結果，伊藤的回話讓課長更加火冒三丈。

這家公司的業務部，是以A～D級來區分獲得訂單的機率。這位課長平常在會議上，總是說：「報告A和B級這兩個比較有機會成交的訂單數量就好」，所以伊藤就按照這個標準，繳交課長要求的預估訂單數量。但由於業務部長也會參加這次幹部會議，課長希望盡可能在資料中提高預期訂單數量，讓預估業績看起來亮眼一點。

在工作上，依據報告對象的不同，資料裡要呈現的內容也會有所改變。不過因為這樣，就要伊藤這位部屬未卜先知，也未免太強人所難。在這種情況下，其實課長可以事前叮嚀一句：「業務部長也會參加這次會議，請記得把C跟D級的預估訂單一併列出來。」

領導者在交辦工作時，語意模糊不清或是過度省略，都會導致部屬產生誤解，無法順利達成任務。這種認為對方應該知道，因此省略不說的表達方式，其實是很危險的。

那麼，要如何防止這種情況發生呢？

在這裡推薦一個好方法，那就是**交代工作時，遵循5W2H法則**。

①When（時間）
②Where（地點）
③Who（對象）
④What（內容）
⑤Why（原因）
⑥How（方法）
⑦How many、How much（數量、費用）

套用在上述案例中，課長可以這樣交辦工作：

「下星期十月二十六日星期一（時間），澀谷分公司（地點）要舉行幹部會議，業務部長（對象）也會參加。為了提出報告資料（原因），要請你列出所有客戶等級（方法）的預估訂單數量（內容），然後影印成十份（數量）給我。」

交辦工作時，要秉持連小學生都能聽懂的原則。

原則 2

事先說清楚要怎樣的成果，就不會失望

交辦工作給部屬之後，你是否也曾收到跟想像中完全不一樣的成品，而感到非常困惑呢？為了避免這種狀況發生，一開始就要明確告知工作完成時的形式。

看到部屬提出的資料時，你可能曾有過以下想法：

「為什麼不是我要的內容？」

「表格不能做得簡單一點嗎？」

「不需要這麼厚的資料吧。」

但是，部屬已完成工作，你才挑三揀四，通常為時已晚。即便有可以重做的時間，部屬的工作熱忱也會降低，還得浪費不少時間。此時，部屬經常會抱怨：「為什麼不一開始就說清楚？」

其實，只要一開始，雙方對工作完成的形式達成共識，就能避免這種狀況發生。比方說，請部屬製作資料時，可以事先討論：資料要包含哪些內容？只有文字，還是也使用表格或圖片比較好？表格要填入什麼數據？大概要有幾頁？

不過，**工作上有許多無法事先決定的事項。即使如此，領導者必須肩負規劃藍圖（大方向）的責任**，並且在工作過程中，逐步與部屬確認完成的形式。

原則 3

用一張紙寫下要傳達的整體架構

當上司交辦一項新工作時，部屬通常不了解該項工作的整體架構，因為光靠口頭解釋，往往很難理解。此時，可以**利用作業指導手冊等書面資料，讓部屬掌握工作的整體架構**。眼睛看到的資訊，通常比只是聽到容易理解。當部屬了解整體工作的重點，比較能夠獨立進行判斷，不會過度倚賴上司，頻頻詢問工作細節。

此外，**在談話過程中，可以將注意事項寫進指導手冊裡，讓所有資訊集中在同一份資料內**。如此一來，部屬若有不知道該怎麼處理的問題，或是不明白的事項，只要參閱指導手冊就能獲得解答，也能防止遺漏細節。

不僅如此，當資訊有任何變更時（例如人數更動），能明確看出應該調整哪個環節；當發生問題時，能迅速反應與判斷。此外，部屬與領導者之間的報連商會比較容易實行，例如：「我現在進行到這裡，不過這個部分還沒有開始處理。」

指導手冊能在交辦工作前完成，若沒有足夠的時間，則可以一邊交代工作項目，一邊把重點寫在紙上。這樣做比口頭告知，更能正確傳達工作的整體架構。

有時，領導者在編寫過程中沒察覺的部分，到了與部屬討論時才會發現。與人交談時，腦海裡很可能會閃過新的想法，這些資訊也可以寫進指導手冊裡，供部屬參考。

原則 4

交辦任務超過2項時，得說哪件事可以擱置

交辦重要的新工作時，領導者必須主動給予指示：「你現在負責的工作可以日後再處理」，否則部屬很容易對工作的優先順序感到困惑。此外，必須明訂完成期限。

「盡快完成」、「有空時再處理」這種交代方式，都不夠明確。「有空時再處理」，可能會讓某些部屬誤解成「永遠不用處理」。

上司交代部屬：「這件工作沒有很急，你有空時再處理」，結果一星期後才發現，工作沒有任何進展。這種狀況很常見，若追根究柢，原因其實是出在上司身上。

交辦工作時，很多人會先留意優先順序。但事實上，先決定擱置順序反而更重要，也就是明確告訴部屬，哪些工作可以不用急著處理。

優先順序是比較各項業務的重要程度與緊急程度，視情況依序處理。領導者大多能明確判斷每項工作的優先順序，但對資淺的部屬來說，被分配到的工作似乎都同樣重要，而且**他們往往認為上司交辦的事都必須優先進行**，因為無法處理這麼多工作，遲遲未能拿出成果。

因此，交辦新任務給部屬時，一定要明確表示擱置順序。準備與待辦事項相反的「不辦事項」，事先確認是否有不需要處理的工作。

領導者都應該秉持這樣的原則：交代一件新工作，就要減少一項舊工作；交辦一件優先順序較高的工作，就要幫助部屬整理出擱置順序較高的舊工作。

原則 5

請部屬重述交辦內容，自己再主動提問

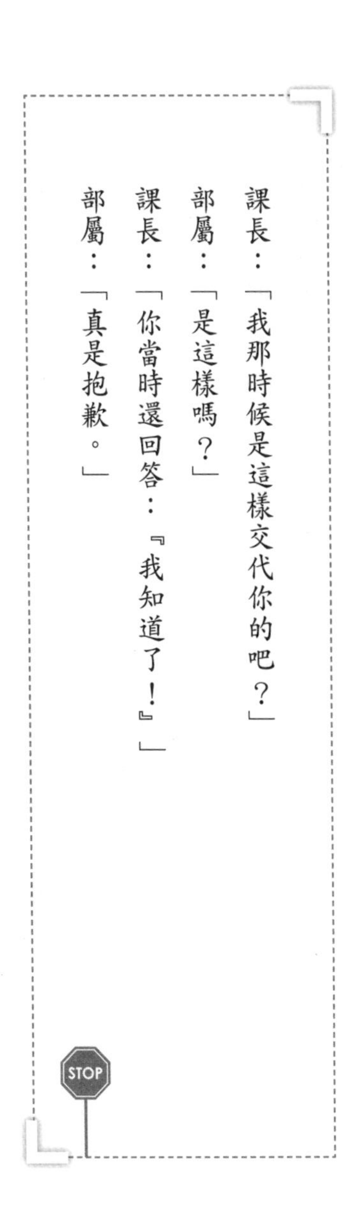

課長：「我那時候是這樣交代你的吧？」

部屬：「是這樣嗎？」

課長：「你當時還回答：『我知道了！』」

部屬：「真是抱歉。」

這樣的對話，在職場上相當常見。

交辦工作時，部屬回答：「我知道了」，上司便放心地把工作交出去。但隨著時間過去，遲遲不見工作完成，向部屬探問，得到的答案卻是「還沒做好」。更糟糕的是，若部屬對工作認知不足，不知該從何下手，可能什麼都還沒做，或者是成果與上司的原意差距甚大。

在這種情況下，上司最後只能自己收拾殘局，甚至因為無法放心把工作交辦出去，讓部屬失去成長的機會。

領導者不能完全相信部屬回答的「我知道了」，因為**就部屬的立場而言，即便不清楚上司在說什麼，也很難當場開口說：「我聽不太懂這個部分。」**

如果部屬個性內向，領導者在交辦工作時要特別留意，他是否已經了解工作內容。此外，有些部屬也會擔心，如果問了太基本的問題，可能會影響到上司對他的評價。

當然，也有些部屬會直接針對不清楚的部分提出問題，但這樣的人可說是少數。所以在交辦工作之後，必須進一步確認部屬如何解讀任務內容。有時候，部屬自認已經充分了解工作，卻誤解了最重要的部分。因此，要特別注意平常粗心大意、缺乏注意力的部屬。

說來汗顏，我本身在年資尚淺時，面對上司交代的工作，明明聽得不是很懂，卻還是回答：「我知道了」，希望讓上司留下好印象。

我並不是要上司別相信部屬，而是不應輕信部屬所說的「我知道了」。想確認對方的理解程度時，不要以質疑的口氣詢問，而是站在指導者的立場進行協助。接下來將介紹兩種確認方法。

1. 請部屬複述工作內容

突然要求部屬複述剛交代過的工作內容，可能會讓對方覺得自己不被信任、是不是平常表現不太好，而產生負面情緒。

所以，**可以試著換個說法：「如果我講錯就糟糕了，方便跟你確認一下嗎？」像這樣委婉地探問，部屬通常比較容易接受，甚至對上司產生信任感。**此外，也可以選擇暫時離開現場，告訴部屬：「給你五分鐘，把剛才我說的話整理一下。」

這樣能使部屬有整理思緒的空間，藉此發現自己不了解的部分和想詢問的問題。此時，領導者可以事先準備5W2H列表（請見244頁表格），讓部屬整理並填寫。

2. 藉由主動提問來引導

當交辦的工作比較瑣碎時，要部屬一一複述，會耗費彼此不少時間。這時，只要**挑選部屬可能誤解的部分，或者是針對比較難判斷的狀況提問即可。**

上司：「如果產品課的A課長不在公司，你該怎麼辦？」
部屬：「只要事先打個電話給A課長，確定他在公司就好了。」
上司：「OK。如果沒預約到新宿的會議室，你會怎麼處理？」
部屬：「我會先查好池袋和澀谷有沒有同等級的會議室。」
上司：「然後呢？」
部屬：「準備好每間會議室的圖片和相關資料。」
上司：「好，我之後再進一步跟你確認。」
部屬：「好的。」

STOP

原則 6

設定階段性目標，在定期會議中確認進度

部屬面對較長期的工作時，會花費很多時間在該項工作上，因此較難維持工作動力。這時候，訂立階段性目標，並定期確認工作進度是很重要的。

即使部屬充分了解工作內容，若是在過程中，領導者忽略了階段性的確認工作，就可能往錯誤的方向發展。確認工作進度，能夠即早調整，適時修正細節上的錯誤。

這裡將介紹設定階段性目標的方法，以及確認的方式與時機。

1. 階段性目標的設定方法

以馬拉松為例，如果突然將跑完全程設為目標，一定沒多久便感到挫折。所以，要循序漸進地設定目標。

【第一階段】參加十公里的賽程

【第二階段】參加半程馬拉松

【第三階段】參加全程馬拉松

這樣**設定短期目標，過程中就能體會到成就感，並提升鬥志**。至於目標數值，與其訂為浮動的數據，不如以能夠逐步累積的項目為主。

據說活躍於美日職棒的球員鈴木一朗，重視安打數更甚於打擊率，因為球員只要退場過一次，整體打擊率就跟著下降，但即便被三振，安打數也不會減少，而會逐漸累計。

接下來，以職場上的狀況為例進行說明。

【最終目標】為了製作新產品目錄，要在三個月內找齊四十家廣告贊助商，由於部門內有八名成員，一人以五家為目標。

【第一階段】第一週，每位成員負責電訪連絡五十家贊助商。

【第二階段】第二週，每位成員負責拜訪五家贊助商。

【第三階段】第三週，每位成員累計拜訪十家贊助商，並與其中一家贊助商簽約。

【第四階段】第四週，每位成員累積拜訪十五家贊助商，並與其中兩家贊助商簽約。

一開始就訂立階段性目標，可以防止部屬在邁向最終目標的長程距離中，分散注意力、降低工作熱忱。然而，只有這樣是不夠的，領導者必須在每個階段進行確認。如果沒有達到標準，就要思考修正的方法，引導部屬達成最終目標。

2. 明訂確認目標的時間與場合

為了確認是否達成階段性目標，必須設定確切的時間與場合。例如，每週一早上九點，在公司定期舉辦報告會議等等。

有些人可能會認為，不必特別規定確認的時間與場合，部屬在每個階段確實報告即可。但問題在於，領導者時常會因為忙碌而忽略面談（聽取報告）的重要性。比方說，上級突然要求你提供某項資料，於是你埋首處理時，不自覺地後了跟部屬面談的時間。若是由部屬主動報告，上司當下也只能依據他報告的內容提問，往往缺乏思考和整理的時間。

為了避免類似的情況發生，必須明訂確認目標的時間與場合。這裡特別推薦的方法是**設定兩種會議型態**。

第一種是每週一次的小組會議，在會議中詢問：「有沒有遇到什麼困難，進度如何」，並給予建議。第二種是每天早上的晨會，運用不同的主題，詢問部屬對目前負責的工作有沒有什麼提議。

許多領導者都會抱怨：「部屬老是聽不懂我說什麼」、「總覺得跟部屬之間有很大的代溝」，但其實大部分的工作內容，只談一、兩次，很難讓部屬掌握全貌，因此必須不斷地溝通。

原則 7
透過 E-mail 連繫時，不使用情緒化語言

E-mail 的往來不需要花費任何費用，還有寄件備份可以重新檢視，但另一方面，E-mail 也有缺點。以下將說明，用 E-mail 交辦工作時要留意哪些重點。

1. 重要工作不可省略口頭說明

有時由於突發狀況，需要臨時變更當天或隔天的會面，只用 E-mail 連絡，對方可能會遺漏訊息，因為就算是時常收發信件的人，也有無法收信的時候，例如長時間出差等狀況。此外，如果公司內部有較多信件往來，比較容易忽略訊息。所以，**當工作項目臨時必須變動時，還是要口頭告知比較保險。**

我就曾經用 E-mail 通知部屬有關業務外訪的行程，但眼看約定時間到了，現場卻不見部屬的蹤影。我撥了通電話，才知道對方根本沒有看到那封 E-mail。

同樣地，**要交代比較緊急的工作時，不能只用 E-mail 連絡，最好當面和部屬確認：「有沒有什麼不清楚的地方？可以在期限之內完成嗎？」**

2. 運用5W2H，簡單歸納重點

寄出 E-mail 之前，請先確認內容是否符合5W2H法則。尤其在趕時間時，常容易遺漏重要的部分，或是語意不清。越是緊急的工作，越要靜下心來好好處理。

如果時間允許，在**寄出信件之前**，**請先列印出來檢查**。直接確認紙面上的文字，可以從收信人的角度來檢視整體內容，自然能確保文章的流暢度與合理性。

3. 不在 E-mail 上訓話（避免情緒性發言）

在 E-mail 上發脾氣，可能會讓部屬陷入惶恐的情緒。

之前，我曾經在星期五深夜，收到剛從國外出差回來的部長寄來的 E-mail。「上半月的業績是怎麼回事？星期一你最好有心理準備。」看到這封信之後的那個週末，我可說是如坐針氈。

星期一我一進公司，立刻到部長辦公室主動道歉：「對不起，上星期的業績不太好。」聽到我這麼說，部長的反應卻是：「喔！這個禮拜好好加油吧！」本來以為會惹來一頓罵的我，當場愣了一下。

當時我心想，部長可能忘了信裡提到的事，於是再次致歉：「上星期五晚上收到您的信，真的很不好意思。」但對方的反應竟是：「E-mail 喔，那只是要你接下來努力一點而已啦！」老實說，我還真是嚇了一大跳。

要對部屬訓話時，盡量避免使用 E-mail。**因為在閱讀信中的文字時，看不到對方的表情，一句話可能出現千萬種解讀，也可能產生不必要的誤解。**此外，在回饋個人意見時，最好也避免使用 E-mail。

若是要肯定部屬，用 E-mail 來表達就沒有什麼問題。不過，當面聽到上司的稱讚，對部屬比較有激勵效果。

本章重點

- 交代工作時，語意模糊不清或是過度省略，都會導致部屬產生誤解。
- 「盡快完成」、「有空時再處理」，都是不夠明確的指示。「有空時再處理」，可能會讓某些部屬誤解成「永遠不用處理」。
- 挑選部屬可能誤解的幾個部分，或是針對比較難判斷的狀況提問，可以讓部屬確實掌握工作內容。
- 一開始就訂立階段性目標，能夠防止部屬在邁向最終目標的長程距離中，分散注意力，降低工作熱忱。
- 要交代比較緊急的工作時，不能只用 E-mail 連絡，最好當面和部屬確認。

編輯部整理

management

第3堂課

傾聽力：用心傾聽，就不會搞到部屬沉默不語

你若擅長傾聽，部屬會勇敢提問

或許很多人都認為，領導者口條要夠好，才能順利把工作交辦給部屬。確實，如果能運用5W2H法則，簡明扼要地說明重點，部屬比較容易了解工作內容。

但是，每位部屬的工作經驗和擅長的領域都不同。比方說，交代部屬製作簡報要用的 PowerPoint 資料時，只要跟A說一次，他馬上就聽懂，但是要跟B重複說幾次，他才能掌握重點。此時，領導者的傾聽力顯得格外重要。

懂得傾聽就懂得如何傳達。傾聽力是構成傳達力的要素之一，掌握傾聽力就等於具備以下優勢。

1. 能夠掌握部屬對工作的了解程度

了解部屬具備的知識與技能，就能明確掌握交辦工作的重點。

有些領導者不管對誰交代事情，都是用相同的說明方式，這樣的上司給部屬的感受自然不是很好。因此，依據對象不同，說話的語調與強調重點都應該有所調整。

2. 部屬較容易直接發問

若領導者善於傾聽，部屬比較能針對不清楚的地方提出問題。

部屬在聽取工作指示與說明時承受的心理壓力，可能超乎上司的想像。**如果上司交辦工作時，表現出緊迫盯人的樣子，部屬會擔心因為提出問題而被責罵，即使有不懂的地方也不敢問，就默默地接下工作。**

在這種狀況下，部屬無法掌握工作的確切方向，甚至嚴重影響工作效率。

3. 部屬較勇於表達自我

如果在溝通時充分引導部屬表達自己，就能促使他主動採取行動，而不是被迫接受挑戰，如此一來，不僅工作成果較佳，還能加速部屬的成長。

用「探問法」，知道對方有何想法及了解多少

交辦工作時，許多上司會煩惱，應該說明哪些細節、交出多少權限、一次交代多少事呢？

如果鉅細靡遺地說明細節，而部屬早已掌握工作內容，可能會感到厭煩。相反地，太粗淺的說明會讓部屬感到不安。要如何拿捏其中的分寸，確實是個難題。

此時，**可以透過探問的方式，確認部屬的了解程度**。例如：「關於○○，你有什麼想法」、「你聽說過○○嗎」、「你有實際負責○○的經驗嗎？」面對資歷較豐富的部屬，特別是從其他部門轉調，或從其他公司轉職的新進人員，更需

要進行確認。

首先必須知道，部屬擅長哪方面的工作，以及對工作的了解程度。但逐一確認必定會花費不少時間，因此可以事先製作操作手冊或指導手冊等書面資料，請部屬仔細閱讀並提出有問題的部分，然後進行說明。這種方法可以將提問的主導權轉移到部屬身上，提升對方的工作熱忱。

此時，不能以高高在上的態度回答：「你竟然連這種小事都不知道」、「你不是應該很清楚嗎？」這會使部屬變得退縮，不敢再提出問題，反而造成負面影響。

交辦工作時，只要掌握以下幾點，就能讓部屬充分了解工作內容。

- **部屬對工作內容理解到什麼程度。**
- **部屬具備哪些知識與經驗。**
- **要用怎樣的詞句表達比較好。**

一視同仁看似簡單卻不易落實，透過溝通量破解

許多領導者都覺得，自己會與部屬定期面談，或是在會議上討論，所以雙方之間沒有所謂的溝通問題。但事實上，在公開場合裡，很多真心話是很難說出口的。

部屬在工作上面臨的壓力，往往超乎上司的想像，因此領導者應該時時注意彼此的溝通狀況。

想獲得部屬的信任，必須對每位部屬一視同仁。這點看似簡單，卻很難落實。很多人可能都有類似的經驗：在無意間，只跟好相處的部屬互動，或是只留意容易出差錯的部屬。此外，有些上司會跟主動報連商，或是邀約午餐的部屬，

互動得比較頻繁。

過去，我就是因為忽略這一點，才會面臨部門分崩離析的慘況。我長期疏於關注一位能力十分優秀的部屬T先生，導致他累積過大的壓力，最後選擇離職。

當時，T先生的業務能力堪稱頂尖，也積極指導後輩，於是我指派他擔任業務工作的副手。由於部門內有許多對業務工作不是很熟悉的年輕員工，我將心力都花在輔導新進人員上，因此忽略與副手T先生之間的溝通。

T先生離職後，我才聽其他人提及，他曾經表示：「我知道吉田先生忙於指導後進，但我也希望他能撥些時間，跟我談談我的工作狀況。」更慘的是，許多很仰賴他的部屬也一起離職了。現在回想起來，那幾位部屬平常也是由T先生全權負責，部門內自然產生連鎖效應。

看到這裡，有些人可能會覺得：「我有跟部屬好好溝通，每個人面談的次數也都差不多，應該沒問題吧。」然而，這種想法其實非常危險。畢竟在形式上的面談裡，會透露真心話的部屬少之又少。

在此，我以心理學的角度來分析這類職場上的狀況。

一九六八年，美國心理學家羅伯特・札榮克（Robert Zajonc）提出的「單純曝光效應」（Mere Exposure Effect），是行為心理學用語，**意指在日常生活中，越常和同一個人接觸，越容易對對方產生好印象**。也就是說，**與其跟同一個人談話三小時，不如分散成六次，每次跟對方聊三十分鐘**。

所以，不需煩惱要跟部屬說些什麼，只要多主動找對方攀談就好。至於談話內容，也不僅限於工作，即便只是普通的閒聊也無所謂。如果實在太忙，簡單的「早安」、「辛苦了」等幾句問候，也可以表達出對部屬的關心。重點在於主動開口，並看著對方說話。

不過，這種方法有一個需要特別注意的地方，那就是攀談次數，在部屬之間多少都會有所差異。對此，我建議製作部屬一覽表，每次與部屬交談時，就在表格上記錄下來，如此便能避免這週跟A、B部屬交談二十次，跟C部屬卻只講到三次話的情況發生。

在人際相處上，任誰都有個人喜好。如果沒有注意到這一點，可能會特別留意某些問題部屬，卻忽略與盡責部屬的相處與溝通。因此，**要盡量增加與較少互動的部屬交談的機會**。

增加並計算與部屬交談的次數，是馬上就能運用的溝通方法，請務必嘗試看看。

聊天能建立信賴關係，用對方熟悉的語言交辦事情

說到與部屬之間的談話內容，許多領導者只會詢問：「最近過得如何」、「最近工作上還好嗎？」

乍聽之下，可能會覺得上司十分親切，主動關心部屬，但實際情況並非如此，因為這些都是部屬覺得很難回應的問題，必須思考該怎麼回答比較好。基本上，這種問題只有已經與上司建立互信關係的部屬，才能立刻回答出來。

所以，如果要增加平常與部屬交流的次數，請盡量用類似聊天、不用特別思考的方式，來強化彼此的溝通。不過，有不少上司覺得：「雖然我也想跟部屬聊聊，卻找不到話題，而且很容易變成只有我在說話。」

當然，比起什麼都不說，就算只有一方在說話，能夠聊聊天總是比較好。但如果能在閒聊的過程中掌握個別部屬的狀況，藉此拉近彼此的關係更好。**重點在於，在聊天時表現出體貼部屬的心意。**

大多數人聽到有人主動表達對自己的關心，都會對對方產生好感。試想，假使你累了一天回到公司，聽到A同事對你說：「天氣這麼熱，真是辛苦了。」B同事只是簡短地說了一句：「辛苦了。」你應該會對A比較有好感吧。

事實上，只要在談話中加入這類體貼對方的話語，就可以有效拉近彼此的距離，讓話題延續下去。

假設你看到部屬在午休時間，去外面買了便當回來。請比較以下兩種談話模式。

【模式A】

上司：「你今天中午吃什麼呀？」

部屬：「外面的便當。」

上司：「是喔，你買什麼便當？」

部屬：「薑燒豬肉便當。」

上司：「附近那家便當店的薑燒豬肉特別好吃呢！」

【模式B】

上司：「你今天中午吃什麼呀？」

部屬：「外面的便當。」

上司：「今天外面這麼熱，很想趕快回公司吹冷氣吧？」

部屬：「是啊。」

乍看之下，對話次數較多的模式A，似乎是比較好的溝通方式，其實不然。如果話題缺乏實質意義，上司在午休時間來搭話，有些部屬反而會感到厭煩。

相較於模式A，模式B是更好的選擇。「今天外面這麼熱，很想趕快回公司吹冷氣吧？」短短一句話，能夠表現出上司充分觀察、體恤部屬的心意。關於對話時的回應方式，可以在這方面多加留意。

另一方面，**不擅長聊天的上司只要準備以下幾種談話模式，就能輕鬆地開啟話題。**

「你假日有什麼特別的興趣？」

「你搭什麼車上下班？」

「你是在〇〇站下車嗎？」

「你有沒有看昨晚的足球賽？」

也可以準備一些時事相關的話題。此外，在熱門賽事期間，就聊聊許多人都會關注的國家代表隊。如果聊特定隊伍，每個人都有各自的支持者，而國家代表隊則是大家共同關注的焦點。

事實上，**在聊天的過程中先表明自己的經驗或立場，也能藉此了解部屬個人的喜好與想法。**

上司：「你有看昨天的世界盃預賽嗎？」

部屬：「有啊，真是場精彩的比賽。本田選手的那個射門，真是太令人感動了！」

上司：「本田選手竟然會選在那個時間點射門，實在是很厲害。加藤，你也常看足球賽啊？」

部屬：「只有日本代表隊參賽時，會特別注意啦！」
上司：「這樣啊。其實我踢足球很長一段時間，大概到高中畢業吧。你以前有參加什麼社團嗎？」
部屬：「我是棒球社的。」

掌握這樣的資訊之後，就能不時跟部屬聊聊棒球賽，在工作上要解釋一些比較難懂的部分時，也可以用棒球比喻說明。如此一來，不僅能夠拉近與部屬之間的距離，也可增強彼此的互信關係。

聽出他的工作動機與規劃，指派工作事半功倍

在過去，日本的上班族只要努力工作，就能夠出人頭地、提升薪資，規劃買房與後續人生計畫。對那個年代的人來說，只要努力工作就會加薪，是理所當然的事。此外，因為終身雇用制和年功序列制（編註：年功序列制是日本的一種企業文化，以年資和職位論資排輩，訂定標準化的薪水。通常搭配終身雇用制，鼓勵員工在同一家公司累積年資直到退休），只要認真工作，公司就會給予一定程度的福利，薪水也會逐年調整。

但是，隨著社會結構的改變，這兩大制度已逐漸崩解，再加上生活方式日益多元，管理部屬變得越來越不容易。

現在，連想慰勞部屬，邀請對方下班後去居酒屋喝一杯，也慢慢變成了難事。越來越多年輕人滴酒不沾，覺得與其和上司應酬，不如早點回家陪伴家人，或是覺得既然要喝，不如跟志同道合的好友一起。

此外，還有職場性騷擾的敏感議題，若主動邀約異性部屬去喝酒應酬，可能會遭致不必要的誤解。

那麼，領導者到底該怎麼與部屬溝通，才能使他們積極行動？最重要的一點就是，**在溝通時重視部屬對未來的規劃**。為此，必須先了解部屬的工作動機。具體來說，可以提出以下提問。

「為什麼你會選擇現在這份工作？」

「你從工作中得到些什麼？」

「你未來想從事什麼樣的工作？」

在資訊發達的現代，每個人都擁有不同的價值觀與工作動機。事先掌握部屬在這方面的想法，才能在溝通時產生共鳴。

- 對於想早點下班回家陪伴家人的部屬，可以主動表示，只要懂得控管每項業務的工作時間，就能夠準時下班。
- 對於未來希望轉調到企劃部的年輕業務，可以鼓勵他提出新企劃。
- 對於未來打算獨立創業的部屬，在交辦工作時可以特別強調：「熟悉這項業務，對你以後自己創業很有幫助」、「這份工作可以拓展你的人脈。」

了解部屬的工作動機，不但容易分配工作，更能提高部屬的工作熱忱。不過，並不是每個人被問到自己的工作動機，都能回答得出來。沒有明確人生願景的人，其實也不在少數。遇到這種情況時，領導者可以透過提問，協助部屬描繪出個人願景。

● 「小時候或學生時代，有沒有什麼事讓你著迷到幾乎忘了時間？」
↓這可能會影響到部屬的價值觀。

● 「負責什麼類型的工作，會讓你覺得有壓力？」
↓這是部屬不擅長，或是希望盡可能不要接觸的工作領域。

● 「有沒有什麼工作，你看別人做起來很辛苦，自己卻做得很輕鬆？」
↓這是部屬的專長，可以多交代這種類型的工作給他。

● 「有沒有什麼人比你年長十歲以上，讓你感到特別憧憬，想向他看齊？」
↓這個人的成就或為人，可能是部屬的理想典範。

找出部屬的工作動機和願景，再交辦適當的工作，便能取得良好的成效。

轉達自己無法接受的高層指令時，該怎麼做？

領導者必須接收並消化經營高層的指示，並向部屬傳達相關的工作任務。雖然有少數的公司社長會在前線打頭陣，但是大多數的經營高層都不太熟悉基層的業務。

因此，高層的指示通常有些抽象。領導者的工作就是將這些指示轉化為具體的行動指標，再確實傳達給部屬。**有些領導者會直接轉達上級的指示，這樣等同於放棄自己的職責。**

即便無法認同上級的指示，也不能隨意解讀。畢竟，如果每位領導者都根據自己的意見處理工作，企業組織就失去存在的價值。但是，若領導者認為：「公司提出的方向明顯有問題，對於這點，我絕對不會讓步」，就要公開向部屬表示：「這並非我的本意，但是在企業組織中必須遵守上級的指示，希望你們這次能夠配合。」

關於這類問題，我再舉出一個真實案例。

我過去曾在某家公司擔任產品開發小組的組長，時常與部屬、贊助商一起討論各種產品開發點子。大家都認為，只要開發出好商品，一定會熱賣，因此每位小組成員都非常積極地工作。

但因為雷曼事件的影響，公司與數家企業的交易規模都大幅縮小，導致整體營收下滑。於是，經營高層找我面談，表示公司將要中止正在進行的新產品企劃。

我當下根本無法接受，很煩惱該如何向部屬和贊助商交代。明知道部屬每天都為了工作而忙碌到深夜……。

如果依照上級的指示，直接對部屬表明：「受到雷曼事件影響，公司說不能繼續資助開發這個部分，所以這個企劃必須中止。」他們不可能會接受，只會覺得：「這個上司真是窩囊，公司說什麼就做什麼，他難道都沒有自己的主見嗎」，而影響到團隊的士氣，甚至沒有人願意再聽我的指示。

話雖如此，上級表示要中止的企劃，不可能繼續進行下去。我拚命思考，要怎麼向部屬和贊助商解釋，但我本身也對這個決策抱持反對態度，實在不知該怎麼開口。

幾經考慮之後，我決定直接說出自己的立場：「關於公司這項方針，其實我也很難接受。」既然表明自己的想法，更要以實際行動帶領部屬，進行接下來的善後工作。我主動表示，希望能一同前往贊助商所在的公司，當面向對方賠罪。

結果，部屬們都能夠體諒這個決定。但我也想過，如果我當時只表示：「這是公司的指示，其實我也知道，這種時候，公司不會再投資在新產品開發上」，部屬一定無法接受。

必須向部屬傳達自己也無法接受的工作指令或方針時，可以直接表明：「其

實我也很難接受」，但後續更要以實際行動領導部屬，完成必須負責的工作。

此外，如果上級的指示沒有必要讓部屬知道，也可以選擇不說。畢竟若是造成部屬無謂的恐慌，對雙方都沒有好處。

本章重點

- 盡量增加與較少互動的部屬交談的機會。
- 和部屬聊天時，應表達出體貼部屬的心意。
- 了解部屬的工作動機，不僅容易分配工作，更能提高部屬的工作熱忱。
- 必須向部屬傳達自己也無法接受的工作指令或方針時，領導者可以直接表明：「其實我也很難接受」，但後續更要以實際行動領導部屬，完成必須負責的工作。

編輯部整理

management

第4堂課

驅動力：分割任務，讓目標簡單達成

獲得認同比費心說服，更能讓部屬自動自發

這是某家人力派遣公司的真實案例。

有一天，公司高層指示，各團隊都必須上修業績目標，因此成員們自然得扛起更重的業績責任。當時，在新宿分店有兩名領導者，兩人的管理風格截然不同。

A上司認為，不應浪費時間重複同樣的話，所以他選擇動之以情，想一次說動部屬。幾經思考，A上司決定從公司的實際狀況切入說明，藉此說服部屬。

「東大阪分店的業績似乎面臨苦戰，畢竟它們才剛成立半年，還在摸索階

段，這一季的主要目標是提高知名度，目前還沒有理想的業績表現，所以我們新宿分店應該替他們分擔壓力。想想我們剛成立時，也是其他分店為我們攤平了赤字啊！」

然而，部屬的反應卻不如預期。但A上司還是覺得，不該耗費時間溝通，於是擺出一副「工作就是這樣，有什麼辦法」的態度。

相反地，B上司認為必須取得部屬的認同，才能獲得良好的績效。況且，只靠一次溝通，恐怕很難讓部屬同意修正原本擬定的業績計畫。於是，他不僅聆聽部屬的意見，也藉由反覆溝通，與部屬達成共識。

對部屬而言，個人目標遠重於團隊目標。再怎麼要求部屬為團隊績效努力，部屬終究最關心自己的績效。因此，下達指令時不應期望一次說動對方，要先使部屬明白設定該目標的用意，並以同理心傾聽部屬的意見，再從公司、部門與領導者的立場，表達對部屬的期待。

此外，想獲得部屬認同，不能單方面強迫對方全盤接受，應尊重對方的意見，共同尋求解決辦法。不斷反覆溝通，直到彼此達成共識。

此案例的結果是，A上司的團隊業績因為部屬反彈而未能成長，B上司的團隊則順利達成上修後的業績目標。

人本來就有不想被他人說服的心理，即使被說服，大多也是迫於無奈而敷衍了事，或是乾脆放棄，難以取得出色的成果。即便強迫部屬執行指令，也無法完全抹去他心中的不甘願，做起事來自然缺乏積極性。

相對地，認同是使部屬理解上司的想法。如果**說服是要求對方點頭，認同則是讓對方自己點頭**。當然，認同比說服更能激發部屬的動力，取得顯著的成果。

若想獲得部屬認同，而非自己單方面說服，可參考以下重點。

1. 用反覆溝通代替一次談妥

或許有些人會認為，這麼做很浪費時間，但反覆溝通能夠強化雙方的互信關係，不僅可以解決當下的問題，也對其他工作有所幫助。

2. 站在部屬的立場，才能獲得理解

站在部屬的立場傾聽他們的意見，就容易取得部屬的認同。部屬並非機器，一味地要求：「做就對了」，只會削減他們的工作意願。其實有些時候，光是傾聽便能使部屬讓步。若想獲得理解，就必須先理解對方的立場。

祕訣 1

想贏得信賴？用情感訴求比邏輯論辯更有效

人們往往重視「誰說的」勝過「說了什麼」。以下透過一個實際案例向各位說明。

在某家公司，部長對兩位領導者下達「將下個月業績提升二〇％」的指令。然而，這兩位領導者的行事風格大相徑庭。

A上司性情剛烈，極度講求效率，要求以最短時間達到最大成果。他交辦工作時，會事先預想部屬可能不懂的部分，以條理分明的方式講解細節。然而，平時他與部屬之間的交流，僅限於必要程度的溝通，同時採取上對下單方面下達指令的方式，很少聆聽部屬的意見。

相反地，B上司平常就重視與團隊成員之間的交流。他不時會聆聽部屬的意見，乍看似乎有點靠不住，經常面帶笑容地講玩笑話，甚至曾因為吊兒郎當的態度，而引發其他部門的反感。

結果，A上司帶領的團隊以失敗收場，B上司帶領的團隊成功達成目標。兩人下達的指示相同，為何會出現截然不同的結果？

原因就是A上司沒有得到部屬的信賴，而B上司與部屬建立良好的互信關係。因此，A上司的團隊缺乏積極作為，而B上司的團隊無須下達太多指令，也能夠自動自發。

當領導者贏得部屬的信任，他們會心甘情願地效力。**沒有部屬會聽命於自己不信任的上司，即使表面上聽從，做事也不可能主動積極**。平常不願意聆聽部屬心聲的上司，無法奢求部屬真正服從命令。

相反地，**獲得部屬信賴的上司，即使下達有點強人所難的指令，部屬也願意聽從**。即便行事稍微欠缺條理，也能夠好好地指揮部屬，因為感情往往比邏輯更能驅使人行動。

那麼，要如何取得部屬的信賴？有以下三個要點。

1. 分享自己的失敗經驗

在剛到職的新人眼中，經驗老道、具備專業能力的前輩與上司，不僅是工作上的導師，更是憧憬的對象。建議身為前輩與上司的人，多向新人分享自己的失敗經驗。

在與部屬談起自身經驗時，請別提成功經驗，而應主動分享：「我曾經有過這種失誤」、「我還是新人時，也曾犯過這種錯誤。」因為分享成功經驗或豐功偉業，只會讓對方覺得：「這個人果然從一開始就很厲害」，反而讓部屬更不敢接近你。

領導者的挫折經驗能使部屬感受到：「這麼能幹的人，原來也犯過跟我一樣的錯誤啊」，因此引發共鳴，並產生信賴感。

2. 不可朝令夕改

指令缺乏一貫性的領導者往往難以取得部屬的信賴，朝令夕改會讓部屬感到無所適從。難免有必須變更指令的時候，但這種情況並非三天兩頭就會發生，就算發生了，也必須好好解釋更改的理由。

3. 要一視同仁

當兩位部屬做出同樣的行為，領導者卻只誇獎其中一人，採取這種差別待遇，無法獲得部屬信賴。對於辦事不力或是做事不得要領的部屬，上司難免會有不同的想法，但處事不公將使其他部屬萌生不信任感。

有句話說：「上司看清部屬需要三年，但部屬看透上司只需要三天。」差別待遇會影響整個團隊對領導者的信任程度，必須時時自我警惕。

祕訣 2

想引發共鳴？講故事描述前因後果，對方就能記得久

如果領導者下達執行某個企劃案的指令時，只對部屬說：「反正這個案子已經決定了，大家加油吧」，部屬必然無法接受，也不會積極採取行動。**想要激發部屬的工作熱忱，必須詳細說明事情的經過**。此外，依照時程來敘述，更容易理解。

這裡以實際案例向各位說明。某家旅行社的業務總部下達指示，要求各分店針對兩個月的秋天旅遊季，主打群馬溫泉超值住宿行程。儘管這是總部的要求，突然要部屬將群馬溫泉當作主力商品推銷，恐怕會引起反彈。

假設群馬溫泉的行程，在銷售上本來就比其他地區強勢，或是總部提供的行

程優惠夠吸引人，倒還另當別論，但在缺乏上述條件的情況下，難免會讓人覺得，為何不是主打北海道、伊豆或其他地方。畢竟總部提供的行程，無論單價或利潤都沒有特殊之處。此時，該如何說動部屬呢？

從這個案例來看，領導者只要依照時間順序，藉由故事向部屬說明公司選擇主打群馬溫泉的來龍去脈，就可以解決問題。**人很容易被故事打動。**

就此案例而言，可以用以下方式說明：

「在商品企劃部準備開會討論夏季新商品之前，群馬大型飯店的業務部長正好蒞臨，跟企劃部談到關於北陸新幹線的話題。

北陸新幹線開通後，湧入北陸的遊客有逐漸增加的趨勢，但非新幹線停靠站的群馬飯店，生意卻因此下滑。群馬擁有優質的溫泉區與豐富的觀光資源，也有許多賞楓景點，卻無法吸引遊客。

所以，當地飯店的業務部長希望與我們合作，幫助群馬度過難關，並且用破天荒的賠本價提供住宿方案。此外，負責這項企劃的新人石井先生，和進公司剛滿兩年的安藤先生，也向公司爭取到贈送群馬名產給客戶的活動。

連新人都這麼努力，我認為新宿分店也應該盡一份心力。請讓大家見識一下我們新宿分店的實力吧！」

像這樣依照前因後果敘述工作指令背後的故事，能在部屬心中建立新產品從企劃到下達指令的脈絡，不但容易理解，也較能產生共鳴。如果只是丟出一句：「我們這次決定跟群馬溫泉合作」，部屬只會感到無奈或不置可否。

祕訣 3

想打動人心？別只傳達結論，還要說明指令的理由

下達指令時，不應該只陳述結論，還必須確實說明為何下達這樣的指令。

某家公司的業務部有A、B兩位課長。有天早上開會時，部長向兩人提出開發新客戶的要求，然而他們先前為了拉抬業績，已經指示部屬向既有客戶爭取更多訂單，因此他們必須盡快變更工作方向。

A課長立刻召集部屬，向他們宣告：「公司目前業績低迷，為了挽救業績，必須開發新客戶。」他劈頭就下達開發新客戶的指示。

課長之前明明才說要著重既有客戶，卻突然三言兩語就把工作方向改成開發新客戶，部屬不禁開始對A課長萌生不信任感。因此，A課長的團隊成員普遍缺

乏動力，只是單純地履行工作義務，結果成效不彰。

而且，會議剛結束就下達這樣的指令，導致有些部屬覺得：「一定是上頭的命令，難道課長都沒有自己的想法嗎」，或是「課長這次也只是隨口說說而已」，甚至擅自判定課長只是一時興起，不需要認真看待這件事。**這種只傳達結論的做法無法打動人心，人們對於無法認同的事，不會積極採取行動。**

另一方面，B課長在與部屬開會時，一開始就說了這段話：

「所謂的營業額，就是單價乘以銷售量。所以提升營業額有兩種方法，一是提高單價，二是增加銷售量。

上個月，公司為了提升既有客戶的訂單數量做了許多努力，卻未能取得良好的成效，因此，這個月打算以開發新客戶作為主要目標。」

哪一種交辦方式更能打動人心？當然是B課長吧。

B課長條理分明地說明，為何要加強開發新客戶，儘管推翻了原有的指示，也明確解釋這麼做的理由。只要確實說明，讓部屬明白變更指令的原因，他們就會聽從指示，努力開發新客戶。

讓部屬發自內心認同並積極採取行動，跟逼不得已只好去做，兩者的成果將有天壤之別。

祕訣 4

想達成目標？明訂評價基準與ＫＰＩ，讓努力有依據

人們每天忙於工作，往往容易因為眼前的業務而疲於奔命，於是忽略每週、每月、每季、每半年及當年度的目標。有些領導者面對當前的問題時，也會不小心下達與長期方針相互矛盾的指令。

舉例來說，明明以提升品質為目標，卻因為原物料上漲，而要求部屬縮減成本。這不僅使部屬感到困惑，更讓原本訂定的目標失去意義。

「評價基準」是評量工作成效的基準，而ＫＰＩ（Key Performance Indicators）意指關鍵績效指標，用來評量組織目標達成度。**領導者如果在工作的初期階段，訂定評價基準，部屬就能夠按照這些原則，採取適當的行動。**

比方說，Ａ公司要在千葉縣開拓新客源。雖然Ａ公司在東京都與神戶川縣擁有許多客戶，但千葉縣是新的業務區域，因此公司決定剛開始的第一年，先不著重營業額，主要以提高知名度為目標。這時，評價基準就是增加客戶。

只要如此告訴部屬，他們就會明白，不需要考量提升業績或是增加利潤之類的目標，只要專心開發新客源即可。

制定評價基準之後，接著必須訂立ＫＰＩ，因為ＫＰＩ是用來確認成果的指標。以上述案例來說，可將ＫＰＩ訂為成功開發的新客戶數，這樣部屬就能理解，為了提高公司知名度，必須以提升新客戶數為目標，並朝此方向努力。

但要特別注意的是，在初期階段必須制定兩項ＫＰＩ。因為新客戶數的增加，終究還是取決於客戶本人，不是光靠部屬努力就能獲得成果，所以最好把開發客戶的前置作業，也就是新客戶訪問數設定為另一項ＫＰＩ。

把透過努力就能達成的目標也設定為ＫＰＩ，有助於維持部屬工作的動力。

等過了初期階段，可以將ＫＰＩ改成只有新客戶訪問數這一項。以商品企劃部為例，除了企劃執行數，也可同時將企劃提出數訂為ＫＰＩ。

此外，領導者必須持續關注已制定的評價基準與ＫＰＩ。因為部屬即便一開始很有幹勁，也會隨著時間過去，逐漸降低目標的優先度，將重心轉移到其他業務上。

領導者必須時常提醒部屬：「雖然提升營業額也很重要，但首要目標是提升知名度，所以要把重心擺在開發新客戶上。」若是忽略了這點，起初要求部屬努力開發新客戶，隔週卻開始提起回購率，部屬不僅會無所適從，也將失去對領導者的信賴。

此外，為了讓部屬對工作有切身感，而不是覺得逼不得已或事不關己，除了提示評價基準之外，在制定ＫＰＩ時，最好跟部屬一起討論決定。

祕訣 5

想發揮極限？除了 What 與 Why，執行方法由他決定

A課長從去年開始負責主導公司的跨年促銷活動，然而他的工作日漸繁重，未來也有調職或異動的可能性，若他的離開導致業務無法運作，將對公司營運造成影響。

因此，A課長打算將這項任務，交給年輕有為且備受公司期待的B先生，讓他主導促銷活動。A課長立刻找來B先生，向他下達指示。這時，身為領導者的A課長必須先訂定 What 與 Why，並傳達給B先生。

就這個案例來看，What 就是任命B先生擔任跨年促銷活動的負責人，而 Why 則是選擇B先生的理由，例如：「考慮到你未來的發展，我想讓你學習管

理能力」、「這次經驗對你的升遷有幫助」，以及「希望你能在工作上有所突破」等等。

至於後續的How（執行方式），課長不宜插手，應該由部屬B先生自己決定，當他遇到困難時，再從旁協助即可。

- 如何設計傳單？
- 要選擇哪種宣傳媒體？
- 何時與合作夥伴聯絡？
- 是否製作專屬宣傳網站？
- 何時發送廣告信給消費者？
- 是否同時舉辦展覽等活動？
- 促銷活動是否提供贈品？
- 如何分配工作？

● 如何擬定目標數據？

課長可以和B先生一起討論並決定上述事項。但要注意的是，討論時不能逐一跟他確認是否可行，因為一旦這麼做，就喪失把工作交給部屬的意義。此外，若是以確認的方式提問，即使B先生心裡覺得不妥，也很難提出反對意見。

比較理想的做法是，由領導者設想具體的問題，**盡量以「你覺得怎麼做比較好」這種開放式提問，引導部屬自行思考**。所謂的開放式提問，就是答案並非「是」與「否」，而是依據個人想法與實際狀況，產生多種解答的問題。領導者只要在部屬想不出答案時，提供建議就好。

像這樣讓部屬自由發揮，將有效提高部屬的工作熱忱。若是連行銷方式、工作分配等細節，都由上司決定，會使部屬覺得事不關己，甚至失去獨立思考的能力。

當部屬掌握決定權，主導整個活動便成為他自己的責任，於是工作更有動力，同時也會因為責任感而積極行動，藉由自主思考加速成長。

上司既然已經將主導權交給部屬，就讓他自由發揮吧。當他迷失或弄錯方向時，再協助修正即可。

祕訣 6

想加快速度？分割工作項目，讓他一步步輕鬆達成

無法如期完成工作的部屬最常見的特徵，就是拖了老半天才開始動手。有句話說：「只要踏出第一步，便等於達成一半的目標。」我認為這種說法不算誇大。

部屬做事速度緩慢，通常是因為不知道該從何處著手。因此，領導者應該做到以下兩件事。

1. 將工作內容轉換為具體的作業

部屬不知從何下手，是因為工作項目過於龐大，所以必須替他把工作切割成

幾個小部分。假設你請部屬矢野製作明年度的目錄，期限為兩個月，而他過去從來沒有相關經驗，這時你可以將工作內容分割如下。

- 決定要刊登哪位客戶的意見。
- 採訪這位客戶。
- 彙整訪談內容並加以編輯。
- 將去年度的目錄變更年份與日期。
- 剔除今年沒有銷售的商品。
- 加入新產品相關資訊。
- 向業務部確認需要的印刷數量。

不只是這個例子裡的矢野，任何人被交辦新工作時，都會因為不了解工作內容的全貌，而想得太過困難。不知該從何做起，忙東忙西，卻又弄不出個所以然，導致工作幾乎沒有任何進展。遇到這種情況時，該如何向部屬說明呢？

上司：「矢野，我想請你製作一份明年度的目錄。」
矢野：「好的。」
上司：「我要開始說明製作流程囉！」
矢野：「是。」
（說明完製作流程。）
上司：「好，接下來試著製作時程表吧。」

製作時程表時，要讓部屬自行安排各項流程的順序，使他對工作抱有責任感。若部屬安排的時程沒有問題，就讓他依序執行，並設定查核進度的時間點。

倘若部屬無法自己安排時程，或是流程順序缺乏效率，必須予以修正時，可以這樣說：

「請試著把自己能獨力完成的部分，跟需要別人協助的部分分開。你覺得應該以哪個為優先？」

以循循善誘的方式讓部屬自己找出答案，就能促使他把工作當成是自己的事。

前述問題的答案，是「以需要別人協助的部分為優先」。因此，以製作目錄的例子來看，則應從「決定要刊登哪位客戶的意見」開始著手。

安排時程的另一項重點，就是從難度較低的工作開始做起。因為每當完成一件工作時，都能獲得成就感與安全感。以製作目錄的例子來說，「變更去年度目錄的年份和日期」正好符合這個條件。此外，從期限反向回推，也是一種不錯的做法。

2. 一起決定「從何時開始」與「要做到什麼程度」

當部屬收到指令，卻遲遲無法付諸行動時，領導者必須跟他一起決定，「從何時開始」與「要做到什麼程度」，促使他展開實際行動。

除了上司交代的工作，部屬還有許多其他業務得處理，所以必須先設定開始作業的時間。此外，有些人剛開始時幹勁十足，不久後卻後繼無力，這樣也沒有意義。這時就要**明確決定「從何時開始」與「要做到什麼程度」，同時訂定查核進度的時間**。

請將這些都當成是領導者應盡的責任。

本章重點

- 沒有部屬會聽命於自己不信任的上司，就算表面上聽從，做起事來也不可能主動積極。
- 依照前因後果敘述工作指令背後的故事，能在部屬心中建立新產品從企劃到下達指令的脈絡，不但容易理解，也較能產生共鳴。
- 如果可以在工作的初期階段，訂定評價基準，部屬就能夠按照這些原則，採取適當的行動。
- 交辦工作時，設想具體的問題，盡量以「你覺得怎麼做比較好」這種開放式提問，引導部屬自行思考。

編輯部整理

NOTE

management

第5堂課

這樣搞定7種部屬，從此不再頭疼！

理解力不佳的部屬：3方法培育他逐步成長

你曾經因為部屬怎麼教都教不會，自己氣到一肚子火嗎？其他人明明一教就會，但他就是學不會，一想到便覺得火冒三丈。

但是，即使責罵也無濟於事。如果問題不是出在部屬的學習或工作態度不佳，究竟該如何是好？

1. 將工作內容分為細項

試著將部屬的工作分割成細項，並和他一起分析，他可以勝任哪些部分，哪些部分則有困難。

領導者往往會對學習能力不佳的部屬，抱持一無是處的印象，並在無意間，將對方貼上「無能」的標籤。然而，這類型的部屬生性認真，容易鑽牛角尖，會因此失去自信。

人一旦失去自信，甚至會喪失原本擁有的能力。所以，**請肯定部屬既有的能力**，並且分析他為何做不到這些事，以及該如何改善。

2. 了解部屬的做事方式

舉例來說，某位部屬會優先處理上司或前輩交代的事，而擱置其他工作。此外，當他手上同時有許多人交辦的工作時，他會將急切催促或是重要對象委託的工作視為最優先，而將其他同仁委託的工作擺在後頭。他認為工作就是要快，往往會急著完成任務，於是草率了事，甚或錯誤百出。

了解上述原因後，**領導者在交辦工作時，可以給予這位部屬較寬裕的期限，或是當他還有其他待辦工作時，為他明確訂出執行的先後順序。**

再舉個例子，某位部屬習慣將需要集中注意力的工作，留在傍晚或是夜間處理，早上則處理比較不需要集中注意力的工作。只要了解問題出在時間安排上，便可要求部屬重新分配工作時間，將複雜的作業內容挪到早上執行。

個性認真卻教不會的人，通常都有時間安排不當的毛病。

3. 試著減輕部屬的工作量

覺得部屬做不好，有時是因為你對他期望太高。優秀的領導者難免會以高標準來要求他人。但是，每位部屬都各有其強項與弱項。

去年進公司的B先生三個月就學會的事，今年新加入的C先生，可能半年都無法達到同樣的境界。然而，感嘆部屬能力有限也無濟於事。這時候，請你將要求達到的標準細分成數個階段，依此設定目標。

要求部屬先達成第一階段的目標，並將第二階段的工作暫時擱置。當部屬能夠勝任第一階段的工作時，再教導他第二階段的工作。

最糟糕的做法，就是斷定部屬派不上用場，什麼工作都不交給他。沒有工作可做的部屬永遠無法進步，還會逐漸喪失自信。面對辦事不力的部屬，不應剝奪他的工作，而是要減輕他的工作量，讓他有機會一步步學習。

缺乏幹勁的部屬：指派新任務給他就對了！

有些領導者不敢將新任務交給缺乏幹勁的部屬，或是擔心引起反彈，惹來不必要的麻煩而退縮。這樣的想法對彼此而言，都不是件好事。

領導者必須顧慮到每位部屬的工作分配是否平均，若A先生主動積極、工作效率佳，就把業務全都堆到他身上，會讓他吃不消。相對地，如果B先生缺乏動力，就只讓他處理簡單的業務，將導致他的工作能力原地踏步。除了提升業績之外，培養部屬也是領導者的責任。

缺乏幹勁的部屬，真的在工作上完全提不起勁嗎？上司之所以判定部屬缺乏幹勁，通常是因為部屬不主動提問、沒有反應。但看似缺乏幹勁的部屬，或許只是不擅表達罷了。

尤其是個性熱情的上司，可能只因為部屬看起來不夠有精神，就斷定他無心工作，這種思考模式有時只是領導者的一廂情願。此外，有些部屬看似懶散，實際上卻具備高度專業精神，一旦接下任務，就會做到盡善盡美。

如果只因為部屬看起來欠缺熱忱，就要求部屬：「加油，拿出你的幹勁來」，反而會令默默認真工作的人心生不滿。只因為部屬看似沒有幹勁，就輕易放棄他，更是領導的大忌。

不可否認的是，缺乏幹勁的部屬確實存在。要讓這種部屬欣然接下新任務，可以用以下兩種方法激發他的動力。

1. 刺激部屬迎合群體的心理

日本人特別重視整體和諧，即使是缺少工作熱忱的部屬，依然希望迎合群體，害怕落於人後。

名牌之所以暢銷，是因為大家都想與社會大眾同步。一般購買名牌包或精品的女性並非想成為名媛，只是因為看到周遭的人都擁有名牌，想跟其他人一樣而已。女高中生穿短裙，也是同樣的道理。

這樣的心理反映在工作上，就是想要維持與其他同事相同的工作水準。交代新任務給部屬時，可以刺激他這種迎合群體的心態。

「B先生進公司已經三年了吧？我想請你準備經營會議要用的一部分資料。你的前輩C先生進來第三年的時候，也執行過同樣的任務。」

「B先生差不多也能負責承辦A級客戶的業務吧？我打算指派相同的業務，給跟你一樣進來三年的D先生。」

像這樣告訴部屬，其他人也都在學習新工作、執行新任務，就能激發他的鬥志。

2. 刺激部屬不想給別人添麻煩的心理

人天生害怕被討厭，不想給他人添麻煩，領導者可以充分利用這項心理。

「B先生差不多也該承辦這項業務了，否則其他前輩的負擔會太重。你就試試看吧。」

運用這樣的傳達方式，就能有效驅動部屬學習新工作、執行新任務。

經驗豐富的長輩部屬：給予尊重，提升夥伴意識

在瞬息萬變的現代，論資排輩早已成為過去式，部屬比上司年長的情形越來越常見。我也有不少與年長部屬共事的經驗。如果能獲得他們的協助，等同如虎添翼，但如果被他們視為眼中釘，將使團隊往不好的方向發展。

年長部屬有時會挑年輕上司的毛病：「這個做法太荒謬了，我覺得以前的方式比較好。大家都無法認同你的做法。」除了提出反對意見之外，他們有時甚至會變成反對勢力。因此，應該有不少領導者不擅長與年長部屬相處，我過去也是如此。

究竟要用怎樣的心態跟年長部屬相處呢？有以下三項重點。

1. 上司與部屬並非上下關係

上司與部屬只是職務不同，彼此之間並無上下關係。雖然上司必須下達工作指令，但兩者基本上是共同作戰的夥伴。所以，**絕對不能將年長部屬冠上沒禮貌的稱呼，或是惡言相向。**請將年長部屬視為工作夥伴，以尊重的態度與他相處。這樣一來，對方也會尊敬你。

2. 尊重年長部屬的優勢與強項

面對擁有專業知識與技術的年長部屬時，請尊重他的長才。**表達尊重最好的方式，便是向對方請教。**

「A先生的企劃書讓我學到很多，請教我如何寫出這麼簡明扼要的企劃書。」

對方若是被這樣請教，自然會對你產生好感。

3. 自曝短處

建議領導者將自己不擅長的部分，告知年長部屬：「我對這項業務不太熟悉，請你教教我好嗎」、「我需要你的幫忙」，**主動請他們協助**。升遷不順遂的年長部屬，通常都渴望被需要，只要年輕上司不恥下問，他們一般都會開心地回應。

此外，想提升年長部屬的團隊意識時，該如何表達自己的想法？年長部屬的優勢在於豐富的經驗與知識，最好的做法就是請他們發揮這項優勢。具體而言，可採取以下的傳達方式：

「E先生，我希望你能在團隊中扮演諮詢者的角色。」

「我希望運用E先生的經驗，協助其他同仁成長，讓他們能夠獨當一面。」

「我想讓其他部屬學習E先生的業務理論。」

藉由這些話**激發年長部屬的自尊心**。但與此同時，也必須注意新工作是否讓年長部屬感到難以負荷。

大致上來說，有一定年紀卻未能升上主管的人，通常在某方面有缺陷，像是過於情緒化、容易與他人產生摩擦，業務能力強卻不擅長行政，或是做事粗枝大葉、容易出錯等等。他們擅長專注於一件事，卻在特定方面不得要領。領導者必須了解這一點，適時給予協助。

由於抓不到要領，難免有一些小失誤，領導者不能因此大發脾氣。當對方犯下非糾正不可的錯誤時，建議採取這樣的表達方式：「畢竟我交給E先生這麼多工作，會出錯也在所難免」，將原因歸咎到自己身上。

如此一來，年長部屬比較不會產生反彈心理：「我之所以做不好，都是因為分配給我的工作太重。」

如果因為對方是職場老將，就抱持過度的期待，給予他無法負荷的工作量，反而會導致對方出現失誤。因此，想提升年長部屬的團隊意識，請減少對方不擅長的業務量，讓他有時間去指導其他部屬。

總是犯錯的部屬：要求提出具體改善方案

有的部屬經常犯錯，但畢竟團隊人手有限，也不能因為這樣，就不把重要的工作交給他。

在交付絕對不能出錯的任務時，必須具體告知部屬可能造成的損失，讓對方了解該工作的重要性，例如：「這次的工作要是出差錯，會讓很多人的工作停擺，甚至丟掉一千萬的訂單。」若部屬還是一再犯錯，該如何處理？在此以真實案例向各位說明。

A先生上個月弄錯兩筆請款單的金額，而且在客戶指正時才發現，導致客戶不信任公司，是個嚴重疏失。對此，上司嚴厲地訓誡A先生：「這可是關係到一千萬的大訂單，下次可別再弄錯了！」然而，這種責罵方式沒有任何意義。

提出損失金額確實能讓部屬更小心謹慎，但部屬並非故意犯錯，只是因為一時疏忽，在這種情況下，即使要求他反省或道歉也無濟於事，必須思考具體的解決辦法。**質問部屬為何出錯，也不是恰當的做法，應針對造成疏失的原因，找出癥結點**。如果找不出原因，可以進一步探討對方目前的工作方式。

在討論時，既然木已成舟，就不要再追究犯錯的原因，重點在於詢問對方：「該怎麼做才能不再犯錯」，這樣比較容易引導部屬自行找出答案。

此外，面對上司的提問，部屬的回覆往往是：「我會更認真工作」、「我會更小心謹慎」、「我會仔細確認」等抽象模糊的答案。這樣的答覆對解決問題毫無幫助。

此時，領導者應該詢問：「你說的『認真』要怎麼做」，讓部屬提出具體解決方案。

上司：「你為什麼一直犯同樣的錯誤？」（將焦點放在犯錯的原因上。）

部屬：「我從二十五日才開始製作請款單，可能是因為趕著完成，檢查得不夠仔細。」

上司：「我了解了，那你這個月打算怎麼做？」（即使對方的做法不恰當，也不予以否定。）

部屬：「以後我製作單據時，會更小心謹慎。」

上司：「你說的『小心謹慎』要怎麼做呢？」

部屬：「請款單系統從二十日開始開放使用，我會提早開始作業，並增加確認的次數。」

上司：「這麼做就對了。」

引導部屬提出改善方案，即可減少對方工作上的疏失。

此外，人們不一定能察覺自己的錯誤，卻往往能發現別人的疏忽。所以，可以將確認工作交給其他部屬執行。由於事關其他同事的業務，負責確認的部屬可能會因為責任感，更仔細地檢查，同時也會自我警惕，以更謹慎的態度面對工作。

無法遵守期限的部屬：根據4種特徵對症下藥

有些部屬做事總是很難遵守期限，無論叮嚀幾次都依然固我。即便成果沒有問題，但老是超過期限，仍會對其他同事造成困擾。要如何讓這類部屬確實遵守期限呢？

不守期限的人通常有四種特徵，這裡分別列舉常見的狀況及其應對方式。

1. 對工作來者不拒

明明手上的業務已經夠忙了，卻還是接下別人交代的任務。面對這樣的部屬，領導者必須製作業務一覽表，藉此掌握他正在處理的業務。

要交辦工作時，就先看看業務一覽表，確認該部屬目前是否有其他重要業務需要處理。此外，必須讓部屬有在必要時拒絕他人的勇氣。

2. 拖到最後關頭才開始進行

這種情況通常有兩種原因。一是不知該從何做起，導致收到指令後無法展開行動。若遇到這種情形，領導者在交辦任務時，可以先協助部屬踏出第一步。

二是將工作時程估算得太樂觀。在實際執行時，可能會有必須尋求他人協助或是比預料中費時的部分，導致花費更多的時間。因此，必須預留一、兩天作為緩衝期。

3. 過度要求完美

草率了事固然不好，但過度要求完美也不恰當。這類部屬經常為了追求完美，在沒有必要的地方耗費過多時間。

4. 凡事自己來

有些人遇到不懂的地方，會試圖自行解決而不尋求協助，因為他們擔心會被指責：「怎麼連這種事都不會」，或是影響到他人對自己的評價。對此，領導者應該明確展現出「有問題就儘管問」的態度，讓部屬能安心尋求協助。

在別家工作過的部屬：弄清楚他不知道與不會做的事

幾乎所有公司都會僱用有工作經驗的員工。特別是在面對經由獵頭公司等途徑聘請來的菁英人才時，領導者通常不知道該如何指派工作。這時候，首次交辦工作時的態度將是關鍵。

遇到比自己資深的部屬，領導者會煩惱要從何教起，尤其是對方原本就從事同一行業或職位時，甚至會認為對方根本用不著教，但這麼做可能會引發許多問題。

即便該部屬之前擁有相關工作經驗，但每家公司的用語、作業流程及規範都不同，領導者應當考量到這一點並給予協助，因此交辦工作時，必須先了解部屬

「知不知道」與「能不能做」。

即使有點麻煩，也要**製作指導手冊，將工作內容分割成細項，再逐一教導。**教導時可以先解釋：「雖然你可能都會了，但我們公司的做法比較特殊，所以我還是從頭說明一遍」，讓對方感受到你對他的尊重。

如果對方表示：「這跟我前一家公司的做法相同」、「我知道這個部分」，只要客氣地回應「這樣啊，我想也是」即可。

我本身也是過來人，知道從別家公司轉職進來的員工，會因為「遇到基本問題，不好意思提問」、「作業流程跟前一家公司不同」、「不了解這個特殊用語」等狀況，而感到煩惱。

凡事自作主張的部屬：事先溝通準則，並從旁監督

有不少領導者認為，凡事自作主張的部屬相當棘手，我也曾經對這類部屬感到苦惱，甚至我本身就曾是喜歡自作主張的部屬。

這種類型的部屬主要有兩種特徵，在此分別說明應對方法。

1. 過於自負

原本在新人時期很謙虛的部屬，到了第三至第五年時，因為熟悉大部分的業務，業績開始提升，成為職場中的前輩，而往往變得自負。儘管自信能成為向前邁進的一大動力，但也可能成為絆腳石。

「這點小事用不著上司指導，我自己就能完成。」

「我比上司還有能力。」

「照這樣下去，我一定能步步高升。」

像這樣自以為是，無法聽進周遭的建言，或是做事先斬後奏，大多都會遭遇嚴重的挫折。因此，即便將工作交給部屬，領導者也必須從旁觀察。但工作內容不同，還是有可能因為部屬的過度自信而導致失誤，造成公司的重大損失。

所以，領導者要在部屬弄錯方向或犯下重大錯誤之前，適時給予協助。**建議事先告知：「這部分你可以自由發揮，其他的必須先跟我討論」，明確溝通執行準則。**

此外，為了避免部屬擅自作主，造成無法彌補的失誤，當處理重要案件時，領導者必須帶著部屬一起完成。

領導者可以舉出自己過去因為擅自行事而失敗的經驗，讓部屬作為警惕。若是後果不會太嚴重的工作，讓部屬感受一下挫折的滋味也無妨，藉此矯正他的大頭症。

2. 害怕上司

另一種會自作主張的部屬，是因為害怕被責備或影響自身評價，所以不敢向上司請示。說來慚愧，因為有過被上司批評得狗血淋頭的經驗，我過去也曾經是這樣的部屬。

每次要提交給客戶的企劃書，都被上司以模糊不清的理由退回。由於顧及提交期限，我只好瞞著上司，偷偷將企劃書交給客戶。

- 向上司請示卻被訓斥：「你連這種小事都不懂嗎？自己好好想想吧。」
- 上司一聽到負面報告便怒斥：「你在搞什麼」，卻不曾提出解決辦法。

像這樣一味地否定，會使部屬對上司產生恐懼。此外，有些部屬因為怕影響到自己的評價，即使犯錯也不報告，抱著或許能僥倖過關的投機心理，一錯再錯，導致最後捅出大簍子。

為了避免這種情況發生，領導者必須營造讓部屬放心報告壞消息的職場氛圍。

本章重點

- 應肯定部屬既有的能力，並分析他為何做不到這些事，以及要如何改善。
- 如果只因為部屬看起來缺乏熱忱，就要求部屬：「加油，拿出你的幹勁來」，反而會令默默認真工作的人心生不滿。
- 領導者可以將自己不擅長的部分，告知年長部屬，主動請他們協助。
- 在交付絕對不能出錯的業務時，必須具體告知部屬可能造成的損失。
- 領導者可以舉出自己過去因為擅自行事而失敗的經驗，讓部屬作為警惕。

編輯部整理

NOTE

management

第6堂課

讚美法：好聽的話讓他更有企圖心

掌握讚美的5個重點，有效激發部屬的動力

常言道：「教育一個人時，應用讚美取代責罵。」讚美能激勵人心，運用讚美培育部屬，確實是一個好方法。但若只是不著邊際地讚美，反而會破壞彼此的互信關係。

在此，向各位說明如何適當地讚美部屬。

1. 讚美具體的事實

「你很拚喔」、「最近不錯嘛」這類說法，都是領導者經常脫口而出的讚美。這些話會讓我這種性格單純的人感到開心，但對某些人則不然。**缺乏根據的**

讚美，容易被誤認為是客套話，所以要讚美部屬時，請務必陳述具體事實。

「你這個月開發的新客戶數，從上個月的三人進步為五人了呢！」

「這份企劃書裡的流程圖畫得非常淺顯易懂。」

只要舉出具體事實，想必部屬也能欣然接受你的讚美。

2. 以附和的方式給予肯定

領導者平常與部屬對話時，也可以用附和的方式讚美對方。

- 「真了不起！」
- 「我以前都不知道呢！」
- 「太厲害了！」

- 「我還想再多了解一點！」
- 「這點子挺有趣的！」
- 「那很棒耶！」
- 「原來還有這招！」

這些話聽起來是不是很悅耳？在回答時給予肯定的回應，可以使部屬感受到你對他的讚賞。但若只是搭腔，可能會讓某些部屬覺得討厭，因此建議在附和時再補充上一句話。

- 「真了不起！你這個月也是部門裡的第一名！」
- 「我以前都不知道呢！下次要整理提案資料時，我再試試看那個功能。」
- 「太厲害了！我才剛拜託你，你竟然馬上就做好了！」
- 「這點子不錯，我還想再多了解一點！」

● 「向建設公司行銷啊，原來還有這招！」

相對地，最好避免使用帶有否定意味的「可是」、「反正」、「就跟你說吧」、「這是不對的」等字眼。

雖然上司只是附和一、兩句，但給予肯定，能夠強化與部屬之間的溝通，發揮很大的功效。

3. 讚美部屬的進步

領導者可以比較部屬過去與現在的表現，針對已改善的部分予以讚賞。

「你寄目錄給客戶時的書信用語，比以前好讀多了。」

「進公司半年，你應對客戶的技巧進步很多。」

哪怕只是一點點，只要有進步就可以給予肯定。有時候，連部屬本人都沒有發現自己的進步，這樣實在太可惜了。上司主動提點，能讓他察覺自己的成長，也能激發他的工作動力。

4. 對年長或難以取悅的部屬，用提問挾帶讚美

若直接誇獎比自己年長或難以取悅的部屬：「你的企劃書寫得很好」、「你的提案很出色」，對方可能反而會覺得：「誰希罕你的稱讚」、「這個人真是虛偽」，因此造成反效果。

所以，領導者必須用提問的方式表達讚賞，例如：「如何才能寫出那麼條理分明的企劃書」、「如何才能把提案資料做得像○○先生一樣好？」

「好為人師」是多數人的天性，而且被請教能滿足個人的自尊心，在聽到「可以請你教我嗎」時，幾乎沒有人會感到不悅。善用提問，就能有效達到讚美對方的目的。

5. 引用數據來稱讚對方

對於習慣理性思考的部屬，可以引用數據來讚美對方，例如：「產品不良率從二〇％下降到十五％」、「客戶回購率從三〇％提升到四〇％」等等，運用具體數字讓對方感受到說服力。

方法1

他不靠譜？將缺點轉換成優點，稱讚並不難

有些領導者認為，部屬總是辦事不力，找不到任何能讚美的地方。我曾在擔任研習課程的講師時，要求學員舉出「最讓你傷腦筋的部屬有哪五個優點」。有不少上司即使絞盡腦汁也想不出來，最後甚至笑著說：「如果是缺點的話，要我舉出二十個都沒問題。」

據說，人們無意間發現的缺點數量是優點的五倍。也就是說，除非刻意留意部屬的優點，否則焦點很容易集中在缺點上。況且，領導者的工作能力本來就很優秀，對自己與他人的要求也比較嚴格，但部屬並非如此。

領導者的經驗與知識比部屬豐富，若是以自己的標準檢視，難免只關注到部

屬的缺點。因此，更需要用心去挖掘與讚美部屬的優點。

優點與缺點其實是一體兩面，缺點的背後往往隱藏著優點，**只要改變說法，就能讓原本認定的負面特質變成正面優勢**。例如，用好奇心旺盛取代容易厭煩，不將草率行動視為考慮不周，而是具有行動力。

這種思考方式被稱為「重新框架」（Reframing，編註：心理學用語，意指對看見的問題行為，重新賦予正面的意義與內涵），能否善加運用，對領導者極為重要。

比方說，對個性比較神經質、做事畏畏縮縮的部屬，我會以正面的角度讚美他：「因為你做事謹慎，我可以放心把重要的客戶交給你。」這比稱讚部屬自己已經知道的優點，更能感動人心。只要運用反向思考，缺點也能變成優點。不想對部屬使用負面言語時，就想想看能否換一種說法。

光是指正缺點，無法改變什麼。此時，可以試著將對方的缺點轉換為優點，給予適度的讚美。原本被認為是缺點的特質得到稱讚，會使部屬獲得新的啟發。

更重要的是，這樣可以讓部屬感受到：「原來上司有注意到我的優點」，因此產生對領導者的信賴，進而提升工作動力與積極性。

這個方法能夠避免忽略部屬的潛在優點，也有助於安排更適合的工作給他，對喪失自信或缺點容易被放大的部屬特別管用。

方法 2

他太謙虛？用「I-message」誇獎，對方會欣然接受

不少日本人在受到讚美時，都會忍不住謙虛起來，無法坦然接受他人的稱讚。我過去也是如此。

面對這樣的人，可以使用「I-message」來讚美對方。**所謂的「I-message」，是指以「我」為主體，向對方表達心情與感受的方式**。例如：「你總是注意到細節，幫了我很多忙」、「○○先生的話總是讓我收穫良多」等等。對於容易不好意思，或無法欣然接受讚美的人，這種方式特別有效。

因為只是單純表達自己的想法，而非對個人的評價，比較容易受到信任。倘若對方回答：「才沒那回事」、「你真的這麼想嗎」，也能以「不不，我真的這

麼覺得」、「我說的都是真心話」來回應。

相對地，與「I-message」相反的讚美方式，便是以對方為主體的「You-message」。例如，誇獎人：「你的口才很好呢」、「你的提案表現很棒喔。」這種讚美方式雖然直接，但因為內容多半是對個人的評價，容易讓部屬感受到上對下的關係，對方可能比較難以接受，甚至覺得反感。

不擅長讚美部屬的上司，大多是以「You-message」的方式來讚美。請多用「I-message」來誇獎部屬吧。

方法 3

他不相信？用「三角讚美法」，比自己說更有效

一對一的讚美固然有效，但是對某些部屬並不管用。對於這樣的部屬，領導者可以**從第三者的角度來表示讚賞，增加讚美的可信度**。我將這種加入第三者的誇讚方式，稱為「三角讚美法」。三角讚美法共有三種模式。

1. 傳達來自第三者的讚美

除了前面已提過的「I-message」之外，還有比「I-message」更有效的「We-message」。「We-message」是以「我與第三者」為主體，透過加入第三者的方式來取信於聽者。具體範例如下。

「前幾天，我參加經營會議時跟社長聊到：『最近柳田先生開發的新客戶數有增加的趨勢，他真的很努力呢！』」

「業務同仁常跟我提到：『石井先生辦事細心，從不馬虎，幫了我們很多忙。』」

這些話比單純的讚美更具有可信度吧。當部屬知道他人這樣談論自己，應該會感到開心。此外，**三角讚美法也能有效改善團隊內部的人際關係。**

假設A與B同為團隊成員，但兩人相處得並不融洽。此時，可以對A說：「B說上次跟你一起跑業務時，你提給客戶的企劃書簡明扼要，讓他獲益良多。」另一方面，對B則說：「A說你之前在會議上舉出的成功案例，非常值得參考。」

像這樣傳達兩人對彼此的讚美，會讓A認為：「原來B有注意到我的強項啊！」如此一來，A會改變他對B的態度，反之亦然。正所謂「愛人者，人恆愛之」，只要主動釋出善意，大多能贏得對方的好感。

2. 在背後誇獎他人

這種方式不需當面讚美部屬，對容易害羞、很難開口讚美他人的上司而言，應該是不錯的做法。

人一旦聚在一起，往往會談論他人，而且比起說好話，通常說的都是壞話，同事之間的談話更是如此。但在背後說人壞話，最後一定會被本人知道。此外，因為內容經過加油添醋，更使得雙方的關係惡化。這種情形特別容易出現在績效不佳的團隊裡。

反過來說，在背後誇獎他人，讚美的話也會傳到本人耳裡，有助於增進彼此的情誼，讓工作時的溝通變得更順暢，成效當然也會更好。

3. 善用「T-up」的技巧讚美部屬

所謂的「T-up」，是一種在介紹別人時抬舉對方的話術。用這種技巧讚美部屬，也非常有效。當我帶部屬一起去見客戶時，經常會使用這種技巧。**在客戶面前讚揚部屬的優點，不僅能使部屬開心，也能取悅客戶，一舉兩得。**

「○○非常熱心，完成自己的工作後，還懂得幫忙後輩。」

「○○平時常與相關部門及公司外部的人士交流，對各種資訊都很了解，我想他一定能提供最有用的資訊給您。」

「○○是我們分店最頂尖的業務，您可以放心。」

請試著這樣讚美部屬吧。

方法4

他不夠好？用「標籤式讚美」肯定長處，菜鳥最有感

要讚美能力特別突出，或業績明顯提升的部屬很容易。但是，對於菜鳥部屬，除非刻意觀察對方的優點，否則實在不容易找到可以讚美的地方。為了解決這種煩惱，向各位介紹能有效讚美菜鳥部屬的方法。

1. 即使是理所當然的事，也加以讚賞

對某些領導者來說，部屬按照指示完成任務是理所當然的事，不需要特別稱讚，但這代表部屬擁有執行指示的能力，以及謹慎的工作態度。

對於正確完成工作的部屬，可以這樣說：

「你連細節都處理得這麼用心，真是謝謝你。」

「你工作這麼忙還幫忙，又做得這麼好，真的很謝謝你。」

對於處理文書工作不會有錯字或漏字的部屬，可以這樣說：

「把工作交給你，我很放心。」

「可以看出你檢查得非常仔細。」

對於如期完成工作的部屬，可以這樣說：

「多虧有你，這個工作才能如期進入後續作業，謝謝你。」

「你很有責任感呢！」

「你的工作計畫安排得真好！」

對有求必應的部屬，可以這樣說：

「我希望其他同事都能向你看齊。」

「你每次回話都很有精神呢！」

2. 運用「標籤式讚美法」

標籤式讚美法是一種上至年長部屬，下至菜鳥皆適用的讚美方式。比方說，「有關Excel函數的問題就問A先生」、「跟製作簡報資料相關的疑問就找B先生」、「C先生是資訊管理的專家」，依照部屬的能力為每個人貼上標籤，確立他們各自的定位。

這種方式能讓部屬覺得被認同。此外，部屬基於「既然上司都這麼說，我也不能漏氣」的心理，以及為了解答同事的疑問並提供建議，也會主動加強該方面的能力。

本章重點

- 只要改變說法，就能讓原本認定的負面特質變成正面優勢。
- 從第三者的角度讚賞部屬，可以增加讚美的可信度。
- 三角讚美法能有效改善團隊內部的人際關係。
- 在客戶面前讚揚部屬的優點，不僅能使部屬開心，也能取悅客戶，一舉兩得。

編輯部整理

NOTE

management

第7堂課

責備法：徹底改造部屬的行為模式

責備的目的是引導部屬自主思考、改進行為

近年來，不習慣被責罵，或是被罵就陷入沮喪情緒的年輕人，有逐漸增加的趨勢。但很多時候，不適當地責備部屬，對方不會改進自己的行為。責備部屬時，其實只要遵守以下五項重點，便不會有太大的問題。

1. 不混淆責備與生氣的情緒

責備是為了促使對方改進自己的行為，因此應該從對方的立場來思考。生氣則是以自己的立場為中心，光是發洩怒氣，無法解決任何問題。所以，領導者必須學習控制自己的情緒。

2. 不問「為什麼」，而是問原因

「為什麼」這句話給人一種「對人不對事」的感受，直接詢問原因則比較「對事不對人」。

人們被問到「為什麼」時，很容易認為原因是出在自己身上，進而產生罪惡感。此外，也會覺得自己受到苛責，想解釋卻不知從何說起。就部屬的立場來看，**「為什麼」這句話不是提問，而是一種逼問。**

促使部屬自我反省當然是件好事，但更重要的是導正對方的行為。**直接詢問原因，能夠使部屬主動思考，自己的行為到底哪裡出了問題。**

「為什麼沒辦法在期限內完成？」（╳）
「沒辦法在期限內完成的原因是什麼？」（〇）

像這樣換個方式提問，會讓部屬比較容易回答，也能引導對方思考日後的改進方向。

3. 整理出一項責備的重點

責備部屬時，如果一次叨念太多事，會使對方不知從何改進。因此，最好明訂優先順序，一次只責備一項重點。此外，**不應無視現在發生的狀況，而開始翻舊帳說：「我記得之前也發生過同樣的事。」**

我以前還在跑業務時，就曾經在一次情境模擬活動中，被上司叮得滿頭包。但因為一次被念太多事，根本不知道該從哪一項開始改進，最後只能左耳進、右耳出。

4. 不否定部屬的人格與能力

有些領導者在氣頭上時，會出言否定部屬的人格。

「你這個人真的是……。」

「你連這種小事都不知道？」

「連這點小事都辦不好，你不覺得羞恥嗎？」

「我沒辦法信任你。」

以上這些話絕對說不得。要記住，否定部屬的能力，就等於否定自己身為領導者的能力。

5. 整理出解決方案再責備

責備部屬之前，應該先歸納出解決方案。為了鼓勵部屬獨立思考，也可以用引導的方式提問：「你覺得接下來怎麼做比較好？」

技巧 1

區分生氣與責備，控制情緒有妙方

有時人們即使知道不應該生氣，還是忍不住會情緒激動。我剛成為領導者時十分易怒，每當部屬犯錯或是沒按照指示去做，我就會當場大發雷霆。

當上司帶著怒氣責備時，大多數的部屬都會心生惶恐：「糟糕，我惹上司生氣了」，而不會思考最重要的解決方案。生氣的那一方也可能因為太過情緒化，忘記告訴對方希望改進的地方，這麼一來，責備就完全失去意義。

為了避免類似的情形發生，領導者在責備部屬時，必須控制自己的情緒。以下幾種方法，可以有效緩和激動的情緒。

1. 將生氣的原因寫在紙上

將情緒書寫在紙上，對於穩定心神有一定程度的效果。此外，可以藉由寫在紙上的關鍵字，分析是哪個環節出了問題，以及該如何指正。

2. 暫時離開現場

在情緒激動的狀態下，實在說不出什麼好話。此時，可以說自己還有其他事沒有處理完，需要暫時離開十分鐘，請部屬稍等一下。接下來，只要找個地方走走，等情緒冷靜下來，再思考該怎麼與部屬應對。

3. 為憤怒的情緒打分數

假設人生中最憤怒的時刻是十分，那現在大概有幾分？只要一想到：「真要說的話，這次大概只有兩分吧」，可能就覺得事情沒那麼嚴重，不需要發那麼大的脾氣。

4. 準備能夠幫助自己冷靜下來的小東西

將能夠抑制怒氣的療癒系照片存在手機裡，或是設定成電腦桌面。例如，家人、另一半或寵物的照片，或是美麗的風景照，只要是你看了覺得很療癒，能夠讓情緒穩定下來的東西都行。此外，準備一些可以讓頭腦冷靜下來的經典名言，也是一個好方法。

5. 注意自己在什麼時段、什麼地點比較容易生氣

每個人體內都有一個專屬的生理時鐘，其中包括特別容易生氣的時段。以我個人來說，大概是午餐前，以及剛跑完業務回到公司，約傍晚五、六點的時候。

在容易發脾氣的時段，盡量避免除了緊急狀況以外的報連商，或是不主動接近特別容易出錯的部屬等等，事先做好防範措施。

技巧2

不需溫吞繞圈圈，要直接指出關鍵點

許多領導者個性比較溫和，不太會對部屬說重話，在必須指正或責備部屬時，他們容易出現這樣的表達方式：

「有些小事想找你聊聊，等一下有空嗎？」

「抱歉抱歉，月底這麼忙，還找你說這些。」

「雖然我也沒什麼立場說這些話啦。」

這些客氣的說法是基於顧慮部屬的感受，但這樣會讓部屬覺得：「應該不是很嚴重」、「哎，課長都這麼說了，應該只是形式上訓訓我而已。」

即便顧慮部屬的想法，還是鼓起勇氣開口糾正，卻此不受到重視，這不是適得其反嗎？話雖如此，也不是要上司虛張聲勢，或是特別強勢地對部屬說話，這麼做也沒有意義。

到底該怎麼做才好呢？其實這時候，**不需掩飾自己覺得有點難以啟齒的心情，直接告知部屬有重要的話要說。**

「雖然這有點難開口，但這件事很重要，希望你認真聽我說。」

「你聽了可能會覺得不太舒服，可是事關重大，我還是得跟你說。」

先告訴部屬自己心中的不安，再強調這件事很重要。這樣可以舒緩領導者心中的壓力，順利將話題延續下去。部屬也會因此覺得：「上司都這麼難開口了，還特地跟我說」，反而會認真面對上司的指正。

有些領導者看到這裡可能會擔心，這樣的說法讓自己被部屬瞧不起，而喪失上司應有的威嚴，但其實虛張聲勢才會被部屬看不起。

此外，有些領導者容易在說話時加入一些不必要的語助詞，反而模糊焦點。比方說，「我是覺得啦」、「我想說，你這樣會不會……」這種說話方式無法表明自己的立場，請以堅定的「我覺得……」、「我想……」來取代，較有說服力。

技巧3

不全盤否定對方的成果，努力就值得肯定

舉個例子，大企業A是公司的新客戶，最近公開徵選企劃案，於是有位上司要部屬提出六十頁的企劃書，積極參加這次徵選。想爭取機會的部屬整個禮拜都加班，只能坐末班電車回家，非常努力地完成了企劃案。但送交給上司之後，卻得到以下回應：

「這是什麼？根本沒有提到我要你準備的內容啊！這個完全不行。算了，我還是自己來就好，這次的企劃案對你來說，果然還是太困難了。」

突然被這樣痛批一頓，這位部屬受到很大的打擊，也嚴重影響到他的工作熱忱。這種說話方式主要有以下兩個問題。

1. 全盤否定部屬的成果

上司看到部屬沒有完成交代的重點，確實會感到不悅，但全盤否定對方的努力也不恰當。

部屬用心拿出來的成果，一定有值得肯定的地方，就算只有一小部分，找出這個部分是領導者的職責。即便結果真的不堪入目，部屬努力將工作完成的毅力，仍然值得讚賞。

2. 沒有提出具體的改善方案

責備的主要目的，是希望對方能夠改進，所以必須向部屬提出具體改善方案。但在這個例子裡，這位上司只說了一句：「這個完全不行。」

確實，領導者通常非常忙碌，每分每秒都很寶貴，但「我還是自己來就好」這種說法，等於是剝奪了部屬的成長機會。即使時間不多，還是應該給予部屬適當的回應與肯定。因此，這位上司可以說：「你真的很努力，謝謝你的企劃案！等我看完再找你討論。」

這麼一來，就有時間仔細閱讀企劃書，也能從中找出值得肯定的部分。就算內容真的太過離譜，也應該**好好整理思緒，向部屬提出具體改善方案**。

技巧4

邊誇邊罵的「三明治溝通法」，促使部屬反省

課長：「喂，加藤！你最近是不是都沒交日報表？」

部屬：「對不起。」（我就真的很忙嘛！）

在這個案例中，部屬確實有錯在先，但上司突然這樣出言訓斥，部屬通常會心生抗拒，很難接受上司的指正。

責備部屬時，重點在於導正對方的行為。因此，必須注意不讓部屬失去工作

的熱忱，若是只有責罵，很可能會使部屬喪失鬥志。此時最具效果的責備方式，就是邊誇邊罵的「三明治溝通法」。

三明治溝通法是指在想責備的事前後，各加上一句讚美對方的話。這樣會讓部屬覺得：「上司都那樣誇獎我了，我還這麼不爭氣，真是不好意思」，而促使部屬自我反省。

據說，人的缺點看起來是優點的五倍。換句話說，在沒有特別注意的狀態下，一個人的缺點，也就是容易被責罵的部分，會特別明顯。所以，許多上司才會全盤否定部屬的作為。

如果使用三明治溝通法，因為必須在想責備的事前後，加上一些讚美對方的說詞，於是原本全盤否定的話會變成部分否定。更棒的是，即便是不擅長開口責備的領導者，也可以用這種方法來指正部屬。然而，若無法引導部屬改進自己的行為，一切都只是徒然。

實際上該怎麼做才好呢？就是藉由「讚美①＋責備＋讚美②」這個公式，**讓**

部屬覺得：「如果我再不長進，就太對不起上司了」，促使他自我反省，並採取實際行動。以下舉幾個例子。

讚美①：「你都很準時完成資料，真是幫了我不少忙呢！」

責備：「不過，最近錯誤比較多喔，請小心一點。」

讚美②：「很多人都說：『說到Excel，就想到〇〇！』大家都這麼誇你了，你可別讓大家失望呀！」

讚美①：「你這個月狀況不錯，真的幫了大家不少忙！」

讚美 ① → 責備 → 讚美 ②

責備：「不過，業務部最近跟我反應，你訂貨單有些地方填錯了，以後要小心點喔！」

讚美②：「你業績這麼亮眼，上頭還提過加薪這件事呢，多加把勁吧！」

請依照這樣的模式，向部屬傳達想指正的地方吧。

技巧5
責備完必定善後、消弭尷尬，共同找出解決方法

部屬受到責備後，心情通常都會受到影響。由於責備的目的是要讓部屬改進行為，因此消除彼此之間的尷尬氣氛、做好責備的善後工作，也是上司的職責。具體來說，可以往以下三個方向進行。

1. 責備部屬後，立刻切入其他話題

我以前的上司U先生會在訓誡我一番之後，突然聊起一些不相干的話題。舉例來說，我在A公司相關業務上犯下嚴重失誤，被U先生罵了一頓，但隔天一起跑業務時，他卻主動詢問：「明天B公司是約幾點？十一點嗎？」藉由提及其他

工作的事，讓我轉換心態告訴自己不要再沮喪，明天還得面對B公司的挑戰，要好好扳回一成。

責備部屬之後，可以像上述刻意提起其他工作的狀況。不過，切記僅限於工作上的話題。如果聊工作以外的話題，像是「你之前說過，這個週末要去海邊」、「下禮拜你要參加小孩的運動會吧」，其實效果有限。這樣會讓部屬察覺，上司因為顧慮他的感受，才故意聊這些無關緊要的事。這無法幫助部屬重新燃起鬥志。

此外，有些上司會在責備部屬後主動邀約：「要不要去喝一杯呀？」但部屬受到責備後，多少都想要迴避，就算參與聚會，也只會讓場面尷尬而已。

2. 協助部屬展開下一步行動

對部屬來說，被責備的事情後續該怎麼做，是很重要的課題。因此，在責備部屬之後，可以主動詢問他：「接下來你打算怎麼做？」如果他回答出不錯的答案，便可以進一步回應：「你去試試看吧。」相反地，如果他提出的答案不理想，可以再詢問：「有沒有其他方法？」引導他找出比較好的答案。

3. 過於情緒化時，主動拉下臉來道歉

責備部屬之後，應盡量避免向他表示：「剛才不好意思」，但若在責備部屬時，說出很多情緒性的話，讓他深受打擊，道歉是應該的，然而在這種情況下，不是收回對他的責備，而是為自己太過激動的言行道歉。**道歉時，不要提及責備的內容，而是為自己說話太過頭致歉。**

技巧 6

沉著因應反彈情緒，不讓對方無限上綱

在責備部屬之後，該如何面對對方的反應？想必有不少上司為此感到煩惱。我在研習課程中，時常聽到有領導者抱怨：「對於某些部屬特別難開口責備。」聽到對方這麼說，不禁令我好奇那是怎樣的部屬。結果，答案是「會當場反駁上司的部屬」。

這種部屬大多具備領導經驗、年紀較長，或是年紀雖輕，卻擁有優秀的實績。與這類部屬對峙時，領導者比較容易變得情緒化，而用「你在說什麼啊」、「有意見嗎」等等，來打斷對方的反駁。但這麼做無法讓部屬真心信服。

如果只是單方面否定對方的話，久而久之，部屬也會覺得：「反正我說什麼都沒用」，於是不再表達任何意見，進而影響到工作的熱忱。

此時，**要先試著聽取對方的意見，盡量回答：「我知道你會這樣想」、「的確有人會這麼想」等等，或者是複述對方的看法。**之後再詢問：「你無法接受的是哪一點，可以明確告訴我嗎？」

這個階段的提問，強調「哪一點」是很重要的。因為這種方式可以給部屬一些緩衝時間，讓他去思考自己的反駁內容。此外，若讓部屬表示太多意見，他可能會誤以為上司什麼都願意聽，於是無限上綱。

本章重點

- 直接詢問原因，能使部屬思考，自己的行為到底哪裡出了問題。
- 責備部屬時，不應無視現在發生的狀況，而開始翻舊帳。
- 當上司帶著怒氣責備時，大多數部屬都會心生惶恐，反而不去思考最重要的解決方案。
- 部屬用心拿出來的成果，一定有值得肯定的地方，就算只有一小部分，找出這個部分是領導者的職責。
- 善用三明治溝通法，可以促使部屬自我反省，並採取實際行動。
- 責備部屬之後，可以刻意提起其他工作的狀況，讓部屬轉換心態，不再沮喪下去。

編輯部整理

NOTE

management

第8堂課

利用「報連商」，第一時間解決問題

別成為部屬報喜不報憂的高壓主管

明明已經告知部屬：「要經常向我報告」、「有什麼事立即通知我」、「隨時都可以找我商量」，但是在部屬報告負面消息時回應：「真是的，你在做什麼啊，真沒用。」

當部屬的報告難以理解時，也不看著對方，只是邊敲鍵盤邊說：「聽不懂你在講什麼，先整理好自己要說的話，再過來報告！」

一大早心情不好時，就斥責業績掛零的部屬：「你要到什麼時候才能爭取到新客戶？其他組員這個月都已經拿到五件以上的訂單，就只有你業績掛蛋，難道你不覺得丟臉嗎」，卻沒有建議對方如何改善。

因為年代久遠，我才敢在這裡自白，其實這位恐怖的高壓主管正是以前的我，那是我第一次帶領部屬的時期。

雖然我要部屬做好報連商，其實只是把他們當成消除壓力的工具而已。如果被部長斥責，就藉由責罵部屬來抒發壓力，實在是位糟糕的上司。那時，我完全聽不到任何負面消息。即便如此，業績卻遲遲無法提升，反而日漸下滑，我總是心想：「明明都只有好消息，為什麼還會這樣？」

因為我的部屬認為，**既然報告壞消息會被責罵，那麼乾脆不要報告**。即使開口找上司商量，也不會得到什麼正面回應，反而只會被罵。對部屬來說，這根本和單方面的處罰遊戲沒兩樣。

令人意外的是，這種上司其實還不少。當我在研習課程等場合提到這些事情時，休息時間會有人過來搭話，苦笑著說：「我自己就是這種上司。」也許原本只是想當一個熱血男兒，卻無法解決問題，而成為部屬眼中的「高壓主管」。

報連商是為了掌握資訊，協助業務的推動。若是報連商沒有好好發揮作用，只會徒增不該發生的錯誤與麻煩，例如：客戶被其他公司搶走，引發負面效應，最終使業績低迷；或者是公司內部溝通不良，甚至導致員工紛紛離職。

大多數領導者的工作能力都比部屬出色，因此當部屬的報告內容拙劣，或是商量的問題太過簡單時，容易感到煩躁。但請務必忍耐，每個人都曾經是新人，工作上也經歷過不少失敗，所以請站在部屬的立場思考，聽他們說話。如此一來，報連商的次數才會增加，並且充分發揮功效。

部屬回報遇到困難時，積極應對、少責備

前面提過，如果領導者像過去的我一樣，不認同部屬的發言，一味嚴苛地對待他們，就無法讓報連商有效運作。還有一種領導者也會讓報連商無法順利實行，因為他們不會針對部屬的報告擬定任何對策。

某些部屬時常進行不怎麼重要、內容瑣碎的報告，或者總是商量一些公司無計可施的項目。面對這樣的報連商，上司很可能會當場做出以下回應：

「就算在意這種小細節，也沒有任何實質幫助啊！」

「我們公司做不到。」

「你也知道這種事不可能吧。」
「你只會附和客戶的言論，真是無能。」

這樣會讓部屬認為，即使跟上司報告，他也不會有所行動，甚至還會被責罵。既然如此，乾脆就不報告了。

讓我舉個實例。有兩位業務課長在同一時期進公司，也在同一時期升為課長，然而他們面對部屬報連商時的反應正好相反。

A課長明明說過：「有任何事，隨時找我商量」，但是當部屬遇到一些難題找他討論，他卻只會說：「這件事我們做不到。客戶不斷提出他們的要求，是因為不信任你，你根本就被看扁啦！想當年我在跑業務時，都能輕鬆解決這些狀況。」A課長只顧著自我吹噓，沒有提出任何具體對策。

相反地，當B課長被部屬問到一些複雜的問題時，會設法詢問上級或提出折衷方案。就算沒辦法解決所有狀況，還是會認真回應部屬的提問。

兩人擔任課長後半年，發生了某件事。

A課長部門裡的最大客戶打電話到公司表示，下個月是雙方最後一次交易。對方似乎決定跟同業的Z公司合作。如果失去這家客戶，部門業績就會瞬間跌落兩成，可說是相當大的危機。

於是，慌張的A課長找來負責這位客戶的部屬C，炮火猛烈地訓斥：「為什麼會發生這種事？你的任務就是在出現徵兆時，早點向我報告吧！」

但部屬C並非完全沒有找他商量。關於重新調整批發價這件事，他已經主動找A課長商量過兩次。

第一次是四個月前，當時這家公司就表示：「Z公司最近提出不錯的交易條件，貴公司是不是也能稍微調整一下批發價？」然而，A課長聽了部屬C的報告後，長篇大論地說教了一番：「你在說什麼啊，對方想殺價，你就回來問我？身為一個業務，你不覺得可恥嗎？」

兩個月前，對方業務的上司親自出面，再度與C談到調整批發價的事，C便再次找A課長商量，然而這時還是得到相同的回應：「我之前就說過了吧。我絕對不會同意。」A課長完全不肯讓步。

其實B課長那裡，同樣也有大客戶要求變更交易條件，部屬因此找他商量。B課長一聽到這件事，馬上就以壓縮運送成本為條件，讓部長同意降價。多虧如此，他才能保住這位客戶，業績甚至還成長了五％。

另一方面，A課長的部門，之後還陸續發生客戶被其他同業奪走的情況，造成業績大幅下滑。一年後，A課長便收到降職通知。

上司與部屬的互信關係是逐漸累積的。**不管是處理小事或面對難題，都要試著思考能否讓步、提出折衷方案，或是進一步請示上級，這樣的領導者才會被部屬信任。**

因此，在收到部屬遭遇困難的報連商時，不要單方面拒絕，而是要嘗試採取應對措施。這種一點一滴累積起來的互信關係，就是領導者能否收到報連商的關鍵。

談論自己的失敗經驗，使對方勇於說出問題

我在報連商講座授課時，曾經有學員主動提出「不知道什麼時候進行報連商比較好」、「掌握不到時機」等問題。

部屬想進行報連商，但是上司看起來很忙或心情不太好，或者上司說話時擺出一副非常嚴肅的表情，於是害怕而遲遲不敢開口。這些都是報連商無法順利傳達的主要原因。

此外，有些部屬會猶豫，是否應該向上司報告負面的消息。不僅擔心被罵，也不想因為犯錯而使自己的評價變差。遇到這種狀況時，領導者可以主動營造樂於傾聽的氛圍，比方說，暢談自己的失敗經驗。

交辦的態度

接下來，我跟各位分享一段丟臉的往事。

以前，我曾經忘記預約公司的尾牙會場。本來應該在九個月前就預約好場地，但我工作太忙，不小心就忘記了。過了一段時間之後，我才匆匆忙忙連絡飯店，但為時已晚，原本想預訂的宴會廳已經有人預約。飯店回答我說：「這個廳目前有人暫訂，如果對方取消的話，我會再通知您。」

當時的我才剛被降職，不希望自己的評價繼續下滑。驚慌失措的我，因此浮現投機的想法：「到年底還這麼久，說不定對方會取消預約。只要會場空出來，就不會被上司罵了，這件事也不會被他發現，或許之後一切都會很順利。」

但結果是殘酷的。飯店來電通知，對方已經正式下訂了。之後，我又把這件事拖了大概一個半月。

假如一開始知道有別的客人預約，沒辦法使用該會場時，我就好好向上司報告，或許還有機會把地點改到其他飯店，或是調整舉辦尾牙的日期。但直到尾牙前一個月，我才束手無策地向上司報告，結果被罵得很慘，公司內部更是人人都知道我犯了大錯，我在各方面都受到嚴重質疑。

結果，公司最後在等級稍低的場地舉辦尾牙，這件事被許多人抱怨，導致我本來就很糟糕的評價更是雪上加霜。

我常跟部屬提到這個故事，並且對他們說：「就算被罵也沒關係，要盡早向主管進行報連商，否則事情只會變得更嚴重。」

從上司的立場來看，或許會擔心在部屬面前談到自己的失敗經驗，將無法保有威嚴或被部屬小看。但是，**即便表現出自己的弱點，遇到任何問題都不會逃避，承擔壓力時也能做出良好判斷的人，是不會被部屬看扁的。**

所以，如果你有不常進行報連商的部屬，請主動跟他分享你失敗的報連商經驗，他肯定會因此轉變想法。

訂立「報連商」專屬時段，避免因忙碌而錯失重要訊息

說到上司與部屬的關係，上司是握有權力的一方，若什麼都不做，部屬難免會覺得很難跟上司搭話。因此，可以透過以下三種方式，打造出適合進行報連商的環境。

1. 主動向部屬打招呼

也許有些人會覺得，由部屬主動開口打招呼是理所當然的事，但其實不需要在這方面太過拘泥。

打招呼其實比一般人想像得更重要。我以前工作的地方，有位課長總是笑容

滿面地跟大家打招呼，所以經常有許多人找他進行報連商。他的部門氣氛很好，也鮮少發生重大失誤，業績非常出色。

2. 開口慰勞部屬

當部屬跑完業務回來時，可以對他說：「辛苦了。今天很熱也很累吧」，就算很簡短也沒關係。當行政助理做好估價單時，可以對他說：「謝謝，你總是效率很好，真是幫了大忙！」這些慰勞部屬的話非常重要。

此外，不要老是坐在自己的位子上，可以起身繞繞辦公室。若一直待在自己的座位上，即使曾經交代：「有什麼事儘管跟我說」，部屬往往很難主動搭話。而且，有人會擔心，如果一直去找上司，可能會被其他同事質疑，是不是喜歡阿諛奉承，所以盡量避免這麼做。

主管可以主動走到部屬的座位旁，向對方搭話：「你今天去〇〇公司了吧？見到那位很可怕的A部長了嗎？有沒有什麼麻煩事？還好吧？」如此一來，部屬也能輕易地開口說：「是啊。其實有件事，我不知道該怎麼處理。」

3. 事先訂定商量的時段

前面曾經提過，部屬不進行報連商的主要原因之一，就是上司看起來總是很忙。特別是想進行報連商時，卻被上司說：「我現在很忙，待會再來」、「請講得更簡單扼要一點。」這樣會讓部屬不敢積極進行報連商。

在這裡，我想建議各位事先訂定商量的時段。除了緊急狀況之外，這段時間專門用來進行報連商。這樣一來，你也能專注在自己的工作上，**部屬不僅不會三不五十就找你商量，也會把內容整理好之後，再來報告。**

此外，各位要知道自己的心情在哪些時段會不太穩定。比方說，到公司後，參加朝會之前、午休前的空腹時間等等，避免將報連商的時間設定在這些時段。這樣也可避免自己莫名焦躁，能夠專心聆聽報連商的事項。

不打斷、不否定，才能順利引導談話、找出失誤

當我在旅行社還是個新手業務時，犯了一個很大的錯誤。我拿下的大筆訂單弄錯了機票價格。

拿到訂單的那一晚，我和大家一起舉杯慶祝。受到同事們的稱讚，我心裡非常得意，覺得自己搞不好會受到上級表揚，情緒十分高昂。但是一到隔天，我突然從天堂跌落到地獄。

要安排班機時，我的臉都綠了。實際上，我估價的便宜機票，僅限於當天最早出發、隔天最晚回來的班機。在旅行社，這是大家都知道的常識，但那時我卻完全不知道。

結果，這件事導致一人一萬日圓的虧損，因為是兩百人規模的團體客，虧損總計高達兩百萬日圓。這是我第一次接到大訂單，課長和我一同安排行程，所以他也注意到這個狀況。接著，有了以下對話。

課長：「這個估價是上午的班機嗎？」
吉田：「不是。」（我說話含糊不清，並開始全身冒冷汗。）
課長：「怎麼了？你先說說看，我不會生氣的。」
吉田：「那是早上十一點出發，晚上七點到達的班機。」
課長：「喂！你知道這樣成本會差到一萬日圓嗎？」
吉田：「是。」
課長：「你在搞什麼？這可是兩百萬日圓的嚴重虧損耶！」（他頭痛地說。）

然後，課長說了句：「等我一下」，就出去了。或許是去找分店長談話，十分鐘後，他又回來了。

課長：「沒辦法，這樣不能跟客人交代。」

吉田：「是。」

課長：「你先說明一下，怎麼會變成這樣？」

吉田：「我沒有注意到附帶條件，就直接估價給客戶了。」

課長：「原來如此。既然事情已經發生了，那也沒辦法。你想想看，要如何幫公司賺回這兩百萬日圓的虧損。」

課長雖然一度因為我的失誤而感到生氣，還是引導我思考如何挽回這些虧損。

「你這蠢蛋在做什麼啊！」就算這樣被課長責罵，也是沒辦法的事。即便如此，也無法解決任何問題，反而會讓我陷入慌亂的情緒。因此，課長選擇先冷靜下來，再繼續問話。

結果，我們企劃了新的自由行，與相關部門進行價格交涉，奇蹟似地轉虧為盈。

那時，我從課長身上學到引導談話的技巧，除了藉由適當的報連商獲得資訊，讓部屬自己思考也是很重要的。具體而言，引導對方開口有以下三項重點。

1. 製造容易談話的氣氛

課長當時表示：「你先說說看，我不會生氣的」，讓部屬感到安心，將對話進行下去。即使對方報告負面消息，將話題全部引導出來，也是領導者的職責。重點在於，領導者詢問的問題要讓部屬容易回答。

2. 不要打斷對方的話

部屬報告負面消息時，總是會覺得膽戰心驚。此時，不要打斷他的話，要用「原來如此」、「然後呢」來回應，讓他願意繼續開口。

3. 不要使用否定字眼

課長對我完全沒有使用「我當然知道那種事」、「所以我才說」等否定字眼。如果講了這些詞句，部屬很可能會變得什麼都不願意說。對方已經在反省，因此不需要再窮追猛打。

用「5W2H表單」，讓部屬養成整理要點的習慣

部屬拜訪A公司後，回到自家公司，並向課長回報。

部屬：「我剛才拜訪A公司。這是相關報告。」
課長：「辛苦了。提案進行得如何？」
部屬：「似乎有些困難。」
課長：「這樣啊。」
部屬：「對方說，他們在業績上有些困難。」

課長：「哪些地方有困難？」
部屬：「預算方面。」
課長：「是誰說的？」
部屬：「他們業務說的。啊，請等一下。」（在公事包內翻找。）
課長：「……」（先掌握好資料再來報告啊！）
部屬：「啊，是對方上司說的。」
課長：「他們的預算大概有多少？」
部屬：「那個……，他們說三百萬日圓就是極限了。」（慌慌張張地翻閱筆記。）
課長：「你呀，報告之前先把資料整理好吧。」

這是段漫無邊際的對話。各位的部屬是否也曾經如此報告呢？這只會讓必須找出解決方法的領導者承受龐大的壓力。

在這位部屬的談話中，沒有提到「誰」跟「什麼事」。我們並不清楚，「預算方面有困難」是客戶講的，還是部屬自己想的。

這樣很難找出解決方法。為了不讓事態發展至此，可以用5W2H列表（請見244頁表格）來進行整理。**如果部屬在向上司報告之前，先把與客戶的對話內容整理成5W2H列表，就可以避免遺漏。**

課長：「辛苦了。對A公司的提案進行得如何？」

部屬：「他們的業務說，雖然我們的企劃還不錯，但他們在金額方面有些難處。所以我覺得可能行不通。」

課長：「這樣啊。」

部屬：「他們的業務表示，因為上司覺得公司在業績上有點困難，所以會控制訂購金額。」

課長：「是喔，對方有提到他們的預算大概有多少嗎？」

部屬：「大約三百萬日圓左右。」

像這樣，哪個人說了什麼，關於這件事誰又怎麼想，都可以表達得一清二楚。從這個例子來看，因為有提到預算是三百萬日圓，部屬可以針對這個預算範圍，與上司一同研擬對策。

在一開始的案子裡，則是因為忽略了5W2H法則，沒辦法把想報告的事好好說清楚。因此，領導者要讓部屬養成整理5W2H列表的習慣。

5W2H 列表

- **When：何時〔期限、進行日期、決定日期等〕**
  明年3月進行，12月前決定。

- **Where：哪裡〔公司名稱、部屬等〕**
  西川商事，業務2課。

- **Who：誰決定、向誰說〔決策者、交涉窗口等〕**
  交涉對象為山本課長，決策者為上杉部長。

- **What：什麼事〔問題點、商品名稱等〕**
  業務用車2台。

- **Why：為什麼〔原因〕**
  因為郊區的客戶增加了。

- **How：怎麼辦〔方法、解決方案等〕**
  購買業務用車，可以增加拜訪客戶數。

- **How many、How much：大約多少〔金額、數量等〕**
  預算300萬日圓。

本章重點

- 不管是處理小事或面對難題，領導者都要思考能否在哪裡讓步、提出折衷方案，或是進一步請示上級，這樣才會被部屬信任。
- 報連商無法順利進行的主要原因是：上司看起來很忙或是心情不太好；或是跟上司說話時，他擺出非常嚴肅的表情，於是感到害怕而遲遲不敢開口。
- 事先訂定報連商的時段，領導者就能專注在自己的工作上。部屬不僅不會三不五十就找你商量，也會把內容整理好之後，再來報告。
- 如果部屬在向上司報告之前，先把報告內容整理成5W2H列表，就可以避免遺漏。

編輯部整理

後記

站在部屬立場思考，當個不發脾氣、懂交辦的好主管

成為領導者之後，工作量增加，每天都過得十分忙碌。因此，很容易想到什麼，就直接叫部屬去做，而且因為沒時間，下指令也都模糊不清。結果，部屬完全誤會你想表達的意思。

許多領導者都認為，部屬沒有按照自己的想法行動，原因都出在部屬身上。我也曾經如此煩惱過：「為什麼這傢伙都不理解我說的話」、「為什麼他做的與我說的都不一樣？」

然而，部屬沒有好好行動，真的是他不好嗎？其實並非如此，傳達訊息的一

方也有責任。

當我在研習課程或座談會上提到這樣的想法時，很多人都會認為：「我在傳達之前也花了不少心思，對方應該很容易明白才對。」但請試著思考一下，領導者的「容易理解」與部屬的「容易理解」，有很大的差異。

我希望各位讀者能透過本書，清楚地理解這件事。正如同本書所寫，要向部屬傳達正確的訊息，必須事先準備。雖說是準備，也不用花費太多時間，只要花個幾分鐘，甚至一分鐘也行，開口前先將思緒整理好。

請先站在對方的立場思考，怎麼說才能讓對方清楚理解。如此一來，部屬才能確實行動。讓部屬往好的方向成長，對領導者是一種正向回饋。

現今許多領導者夾在上級與部屬之間，經常備受壓力。在各位讀者當中，想必有不少人對管理職抱持著無趣又辛苦的印象吧。但是，只要在溝通上多下點功夫，管理職也可以做得很愉快。我希望讓更多人體會到擔任領導者的樂趣，每天都為此而努力。

若是各位讀者能夠實踐書中的內容，讓工作變得更加順利，我將感受到無上的喜悅。

我在撰寫這本書時，受到許多人的照顧。特別是對於明日香出版社的久松圭祐先生，我想藉由這個機會表達感謝。從訂定企劃、寫作到校正的每個階段，我都獲得許多寶貴的建議，真的非常感謝您。

同時，我也打從心底感謝每一位客戶，以及一直為我加油的各位。你們溫暖的加油聲，讓我有繼續寫作的動力。

非常感謝各位能夠陪伴我到最後。

NOTE

NOTE

國家圖書館出版品預行編目(CIP)資料

交辦的態度：爲什麼好的指令可讓「團隊奮起」，而一句批評卻讓部屬們「沉默不語」？／吉田幸弘著；林佑純譯. -- 二版. -- 新北市：大樂文化有限公司，2022.07
256面；14.8×21公分. --（Biz；88）
譯自：部下がきちんと動くリーダーの伝え方
ISBN 978-986-5564-79-7（平裝）

1. 領導者 2. 企業領導 3. 組織管理

494.2　　111000860

Biz 088

交辦的態度（復刻版）
為什麼好的指令可讓「團隊奮起」，而一句批評卻讓部屬們「沉默不語」？
（原書名：交辦的態度）

作　　者／吉田幸弘
譯　　者／林佑純
封面設計／江慧雯
內頁排版／思　思
責任編輯／詹靚秋
主　　編／皮海屏
發行專員／鄭羽希
財務經理／陳碧蘭
發行經理／高世權、呂和儒
總編輯、總經理／蔡連壽

出 版 者／大樂文化有限公司（優渥誌）
地址：新北市板橋區文化路一段 268 號 18 樓之 1
電話：(02) 2258-3656
傳真：(02) 2258-3660
詢問購書相關資訊請洽：(02) 2258-3656
郵政劃撥帳號／50211045　戶名／大樂文化有限公司

香港發行／豐達出版發行有限公司
地址：香港柴灣永泰道 70 號柴灣工業城 2 期 1805 室
電話：852-2172 6513　傳真：852-2172 4355

法律顧問／第一國際法律事務所余淑杏律師
印　　刷／韋懋實業有限公司

出版日期／2016 年 12 月 12 日 初版
2022 年 7 月 18 日 復刻版
定　　價／280 元（缺頁或損毀的書，請寄回更換）
I S B N　978-986-5564-79-7

大樂文化

大樂文化